おはなし
科学・技術シリーズ

水のおはなし

安見　昭雄　著

日本規格協会

はじめに

　私が初めて「水」と出会ったのは，熱海に初めて父親に連れられて泳ぎに行ったときでした．沖合に出て，父親が握っていた私の手を放したので，私は海中に沈み，おぼれてしまいました．私は恐怖感を覚えて「水」がきらいになり，このことで海に行くことがいやになり，水泳から離れていきました．

　その反動なのでしょうか．山登りが好きになり，初めての沢登りを経験してから，山がやみつきとなりました．谷川の清き流れの水，雪渓の解けた水，そしてあるときはたまり水など，山では随分と水のお世話になりました．

　会社に入ってから，輸送部門に携ることが長かったので，港の船積，荷揚げの立会いなどを多く経験しました．

　田子浦でのタンカーへの積荷立会いのとき，港にヘドロのたまりを目にしました．これが，水の環境に対する考え方が芽ばえたきっかけだったのです．1980年代の中頃の3年間にかけて海の汚染を防止する「海洋汚染防止条約」にかかわり，海洋へ出ての排水処理の実船実験などを行いました．この仕事にかかわったことで，私の「水」,「環境」の意識は，ますます高まっていきました．

　そんなある日，日本工業用水協会から，水に関することを書いてみませんかとのお話を受け，はじめは「水の紀行文」という形で始めることにしました．書き続けているうちに，次第に興味を増し，事務屋であるにもかかわらず，技術者気取りで書くようになりました．その間，機会を得て，東京で1回，米沢で1回，水の講演会をさせていただき，ますます「水の話」に拍車がかかりました．講演会が終わってから，全国地下水利用対策団体連合会の方も書かせて

いただくようになり，うれしい悲鳴で，これを書き上げる毎日が続いています．お蔭様で，日本工業用水協会の「水のこぼれ話」は昨年までで100回を超え，全国地下水利用対策団体連合会の「天の水，地の水」の方も40回を超えました．

このたび，日本規格協会から「水のおはなし」をまとめて本にしてはとのお話をいただき，はじめは自信もなくお断りしようと思っていましたが，先輩，友達，後輩といろいろな方からのあたたかい言葉をいただき，筆を執ることにしました．

「水のおはなし」といっても，範囲が広く取りまとめには困難を感じましたが，国内外の経験をもとにして，よりやさしく，より楽しいものにと心掛けて書き上げたつもりです．多くの方々に読んでいただき，「水の尊さ」，「水の大切さ」などを，読み取っていただければ幸いです．一応「水のおはなし」の集大成としてまとめてみましたが，水に関する事柄は，まだまだ無限にあります．機会があれば，また書いてみたいと思っております．

最後に，この本のもととなった雑誌の編集でお世話になっている日本工業用水協会の桑原直雄氏，芳田丈夫氏，そして今回の「水のおはなし」の発刊に力を注いでいただいた日本規格協会の石川健氏，稲葉喜彦氏の方々に感謝の意を表します．

併せて，水の執筆について，その道を開いてくださった日本工業用水協会の蔵田延男氏，企画・立案のアドバイスをいただいた泉興産株式会社の渡邉泰次氏にお礼の言葉を申し述べます．

2004年3月

安見　昭雄

目　次

はじめに

1章　水の履歴書（古今東西）

地球上の大半は海水，貴重な「河川」や「湖沼の水」……… 9
世界の「水の歴史」………………………………………… 10
パリの水不足は古代から …………………………………… 15
「世界で最も汚い都市」パリはこうしてセーヌ川と甦る … 15

2章　水のサイエンス

宇宙の神秘，水の循環 ……………………………………… 19
名水の表面張力 ……………………………………………… 20
「COD」，「富栄養化」，横ばいで改善が見られない
　宍道湖・中海 …………………………………………… 22
「銭塘江の大逆流」は見事 ………………………………… 25
男神が女神に通う道「御神渡り」………………………… 26
幻想的な「白石灰棚」パムッカレ ………………………… 28
想像以上に進んでいる地盤沈下 …………………………… 29
生物は存在しない「塩の湖」，トゥズ湖 ………………… 33
世界最大といわれるサンゴ礁群，「グレートバリア
　リーフ」………………………………………………… 35
砂漠に水が存在し，動植物が生存，「エアーズロック」
　の謎 ……………………………………………………… 36

3章　水を測る

BODとCODはそれぞれ河川，湖沼の汚染度を示す 41
「硬水」と「軟水」 46

4章　水と環境を考える

今は昔，隅田川お茶屋さんの水 49
シジミによる佐鳴湖の「水質浄化作戦」 50
「野菜いかだ」による印旛沼の水質浄化作戦 52
宮城県長沼にも「野菜いかだ」が浮かぶ 54
「水環境」で手賀沼再生，水質ワースト1位返上 56
海，河川，湖沼を汚すのは生活排水 61
わが家の「家庭排水の排出規制」 63
水がきれいな証拠，「サケの遡上，産卵」 65
井戸水にヒ素 66

5章　工業生産を支える水

日本の工業用水 71
工業用水の使用量とその回収率 71
日本工業用水の使われ方は多岐 75

6章　都市開発と水の存在

環境の改善に笑う生き物たち 77
環境の悪化に泣く生き物たち 78

世界の水環境 82

7章　水と食文化と健康

　人間にとっての水 97
　安全な水，おいしい水は「伏流水」............................ 98
　水と「私の健康法」.. 100
　水と「マイナスイオン」と健康 101
　世界の飲料水 106
　日本の飲料水 111

8章　水が警鐘する

　21世紀は「水の世紀」，世界規模で水の危機 121
　消えゆく氷河，「プリンス・ウィリアム湾奥」................... 126
　海面上昇の実態とそれによる影響 128
　地球温暖化の現状と防止策 130
　「砂漠化」の要因は，人為的な行為によるもの 132
　酸性雨による自然破壊，生物への影響 136
　日本の水資源 139
　日本の水資源の利用状況 142

9章　未知なる水の世界

　「究極の水」を求めて 145
　きれいでミネラル分を含み豊富な資源量，脚光を浴びる
　　「海洋深層水」.. 146

地下で自然浄化された水は天下一品，濁度0度，
　「柿田川湧水」……………………………………………………… 149
「究極の水」忍野八海の限りない自然の恵み ………………… 154
サンゴの島「グリーン島」，水平線に広がる未知なる
　世界 ……………………………………………………………… 158

出典・参考文献 ……………………………………………………… 161

1 水の履歴書（古今東西）

地球上の大半は海水，貴重な「河川」や「湖沼の水」

　私たちの住む地球は「地球は青かった」の言葉に象徴されるように「水の惑星」ともいわれています．遠い宇宙の気象衛星などから送られてくる映像を見るたびに，それは実感されます．地球の表面の大半は青く，大量の水で覆われています．しかし，地球の表面を覆うのは，ほとんど「海水」なのです．

　地球上に存在する水は，およそ 14 億 km^3 といわれます．そのほとんどに当たる 97.5% が海水で，淡水は 2.5% にすぎません．しかも利用という観点から見ると，使いやすい水資源はさらに少なくな

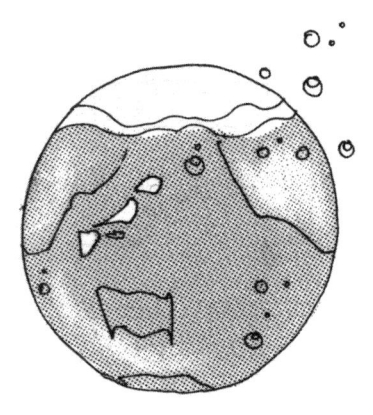

地球の大半は「海水」だ！

ります．淡水の大部分は，南極や北極地域の氷です．「地下水」や河川，湖沼，池などにある「淡水」は，地球上の水全体の約0.8%でしかないのです．

さらに，この0.8%のほとんどが「地下水」です．表面にあって，人々が比較的簡単に利用できる河川や湖沼水として存在している水は，地球上の水全体のわずか約0.01%，数量にして約0.001億 km^3 といわれます．そのわずかな水が，動植物たちの生命を支え，そして農業・産業を支え，人間の文化を生み出しているのです．

世界の「水の歴史」

その昔，狩猟民や遊牧民たちは，新鮮な水をたたえた「天然の水源」の近くに住んでいました．やはり，「水はすべての源」であり，水なくしては，人間たちの営みはなかったのです．そのころは，人口密度が極めて低かったので，水の汚染はほとんど問題なかったといわれます．

やがて，農村から都市へと姿を変えると，都市を取り巻く農村での灌漑（かんがい）と同じく都市生活者への水の供給が重要視されてきました．灌漑は日本では，先土器時代，縄文時代に当たる先史時代から行われました．灌漑とは，田畑に水を引いて注ぎ，土地をうるおすことです．紀元前2000年以前に，バビロニアやエジプトの支配者は，当時，ユーフラテス川やナイル川の氾濫した水を貯えるダムや運河をつくって，川の氾濫を制御し，乾季には灌漑を施しました．灌漑用運河は，生活用水も供給したといわれています．

最初に水の衛生に配慮したのは，古代ローマ人でした．大規模な水道システムを建造（紀元前312〜226年の間）し，アペニノ山脈から数十kmもきれいな水をひき，さらに水の透明さを保つため，

水道本管に沿って「溜め池」や「ろ過池」を設けました．ローマ水道は，古代ローマ人が，ローマ市及びその領土に築いた給水用水道です．ローマ市についてみれば紀元前312年に当時の有名な政治家クラウディウスが築いたアッピア水道を先駆として，紀元前226年完成のアレクサンドリナ水道まで合計11本，総延長450 kmの水道があります．いずれも，ローマ周辺の泉や湖から人工の水路で水をとり入れ，沈殿池で不純物をとり，さらにローマ市の周りの丘上の貯水槽に導き，3本の主給水管で配水水槽に至ります．「陶管」,「鉛管」,「青銅管」で，公衆浴場，住宅，噴水，公共建築，公営などに給水されていたとのことです．

その水量は，全部を運転すると，今日の人口150万都市の給水が可能だったと伝えられています．水路や谷や川を渡る部分には，「アーチの水道橋」を設け，古代ローマ土木工事の最も優れた成果といいます．古代人の知恵の結果であり，現代人にとって学ぶべきところが多い建造物です．

このような広範囲の水供給システムはローマ帝国の崩壊とともに

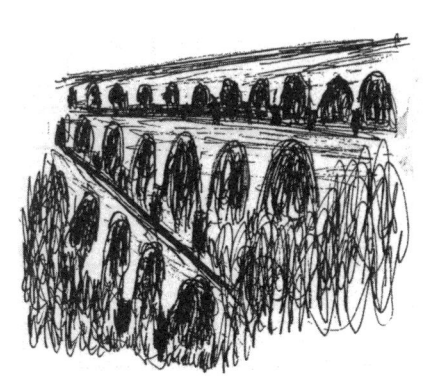

古代「ローマ水道」

衰退し，その他の国では，地域の泉や井戸を，家庭用や工業用の水源としていました．

ローマ時代の巨大プロジェクトの数々は，かつての帝国領のあちこち（フランス，スペイン）に今日もその跡を残し，今もなお，われわれに喜びと感動を与えてくれます．

ローマの水道橋としては，南フランスのガール水道橋，スペインのセコビア橋がよく知られ，今でも多くの観光客が訪れています．

また，イタリアにあるポンペイ街路の水道井は，古代ローマの水道の遺跡です．通りの側道に散見される水道井は，その底が地下の水道配水管につながっています．その昔，ここは主婦たちの井戸端会議の恰好な場所であったかもしれません．

16世紀半ばには「押上げポンプ」がイギリスで発明されました．これにより，水供給システムの発展がありました．1562年，ロンドンで世界最初のポンプによる水供給が行われました．このシステムは，テムズ川の水を水面から37 mの高さにある貯水槽まで汲み上げ，貯水槽から近隣の建物に導管でひいたもので，貯水槽の水は，重力に従って導管に流れ込むものだったそうです．

1760年，アメリカ合衆国初の市営ポンプステーションがつくられ，ペンシルベニアのベツレヘムの町に水を供給しました．このポンプステーションは，13 mの木製ポンプを使用し，カナダツガに穴を開けた管を通して，水を21 m汲み上げたと聞きます．

1800年までにアメリカ合衆国では，16の都市で，水供給システムが建設されました．そのときまでに，ほとんどすべての町で水資源は公営のものとなっていました．公営のシステムに加えて，多くの州では，治水や水力発電の副産物として灌漑用水，工業用水，家庭用水が供給されるようになったとのことです．

日本の水道の始まりは，江戸時代と伝えられています．徳川家康

が江戸入府（江戸城に入城）してからつくられた神田上水が，「日本最初の水道事業」とされますが，この神田上水が「江戸水道」の始まりです．神田川を分流し，神田，日本橋方面に給水する小石川水道が，江戸で最初の水道でした．1590年に着工され，水源は井の頭池で，現在の東京都三鷹市と武蔵野市にまたがる井の頭恩賜公園内にありました．江戸の町には，上水のための水の道が張りめぐらされていました．現在の水道管で，木樋（もくひ）といわれ，67 kmにもわたる水道だったそうです．その名のとおり，木でできており，材料はマツやヒノキが使用されていました．水漏れを防止するため，隙間には木の皮が詰められていました．

高度な水道の仕組み，木管（木製の水道管）を作る技術力……．そうした水の歴史から，江戸時代の暮らしがいかに豊かに発展していったかを想像することができます．

図1.1 江戸時代（17世紀中ころ），江戸，玉川上水に設置された「木管」
2寸（6 cm）厚管6本，1寸（3 cm）厚管1本
出典：鉄の博物館／パイプ博物館
　　　（JFEスチール株式会社ホームページ）

図 1.2 玉川上水付近で発見された「木管」

1600年代に入り,江戸幕府は江戸の人口増による水不足から,川から水を引き込むために,神田上水に続いて玉川上水がつくられました.神田上水と玉川上水が,世にいう「江戸二大上水」です.

玉川上水は,1653年(承応2年)に着工して,わずか7か月で全長43 km,落差92 mの水路を開通させてしまったのです.多摩川の羽村から取り入れた水を,四谷大木戸まで,当時としては空前の大工事だったのです.

江戸の町の人たちは,上水から引いた水を町の「井戸」に集めて,使っていました.現在の貯水槽から水を使用するビルやマンションの仕組みに似ています.

17世紀後半には,100万人に達していた人口の60%までが,水道で生活していました.総延長は現在の東京から静岡までの距離に相当します.神田上水と玉川上水を合わせ,1899年まで給水していました.

時代が変わり,明治に入ると,さまざまな産業がおこり,その活

動に応じるために，もっと水が必要となり，貯水池などもつくられました．そして近代的な水道が整備されていきました．

明治維新のあと，江戸の水道は，東京府に受け継がれました．

戦後は，経済復興のために，さらに水が必要になりました．ダムが建設されて，今のように，いつでも自由に水が使用できるような仕組みがつくられていきました．

江戸に始まり東京に引き継がれた水道は，約400年の歴史を重ねているのです．

パリの水不足は古代から

パリは，古代から現代に至るまで，水不足に悩まされてきたといわれています．パリの年間降雨量は約650 mmで，東京の1/2にも満たないからです．

2世紀後半にローマ人たちが給水道を建設しましたが，それはパリ南方から導いた全長16 kmのアルクーユ水道です．現在のカルチェ・ラタンに残るクリュニ共同浴場にまで達したものであったと伝えられています．

現在もパリの水不足は，相変わらずで，パリッ子たちを悩ませています．

「世界で最も汚い都市」パリはこうしてセーヌ川と甦る

今では，想像もできませんが，「パリの散歩道」，恋の語らいの場所といわれるセーヌ川にも，数々の苦難がのしかかった時期もありました．

1100年ころのパリの街は，「世界で最も汚い都市」だったのです．

石やアスファルトの全くない道路は穴だらけの状態で，汚水や窓から捨てられた汚物（糞尿）がたまり，悪臭が立ちこめていたのです．

1300〜1400年のペスト，疫病，飢饉という不幸が重なったのも，不衛生からくる水や空気の汚染が原因だったのです．それでも，パリの市民たちは，懲りずにゴミや糞尿を広場に捨て続けました．人々は，衛生法令を無視し続けたのです．

1800年に入って，フランスではあまりの汚さに，大衆も行政も，やっと衛生に取り組み始めました．

セーヌ川は，下水同様でしたが，「排水口」をつくり，貯水池を増やし，下水溝を整備したと，伝えられています．

19世紀以降，開門の建設，浚渫（しゅんせつ），護岸の人工化など，大規模な河川改修が行われ，今に見るセーヌ川となりました．

セーヌ川の水を汲み上げて歩く「水売り」は，20世紀初頭まで

図1.3 パリの散歩道「セーヌ川」

見られたと聞いています．それだけ，川の水は清く，飲料に適していたのです．

　オルセー美術館のテラスから望むセーヌ川は，汚染度が進んでいるといいますが，日本の隅田川よりははるかにきれいに映っています．それは，ただ川面や水中のきれいさだけでなく，川の両側に連なる景色にも，多分に影響されています．セーヌ川の両岸の景観は，ヨーロッパ調の由緒ある建物が緑の木々に囲まれて軒を連ね，さんさんと輝く太陽の光を浴びたその影を，川面に静かに落としています．それに引き替え，隅田川の両岸の建物は，残念ながら，色調や高さの調和が全くありません．ただ，そこに存在しているだけの感があります．ヨーロッパ人と日本人の美的感覚の相違と，自然環境に対する考え方の差が，そこにあるのかもしれません．

水のサイエンス

宇宙の神秘，水の循環

　宇宙から送られてくる画像を見ると，青く輝く海，空に浮かぶ雲，そこから降り落ちる雨や雪……．水が形を変えながら，地球を循環していることがよく分かります．宇宙の神秘に魅了されます．

　水は，循環する資源です．年間約 508 000 km^3 のうち，14% が陸地から，86% が海から空へ蒸発していきます．そして，地球上に降り注ぐ雨や雪の，21% が陸上に，79% が海に降るといわれます．再び地上に注がれた水は，河川や地下水となって海へ戻っていきます．尽きることのない「水の循環」です．

　水の循環を，もう少し詳しくたどってみましょう．

　水面や地表の水が熱せられて生じた水蒸気や，生物から発散された水蒸気が大気にのぼると冷えて凝結し，雨や雪となり地上に再び戻ってきます．このように，地球と大気の間で起こる「水の移動」のことを，水の循環とよびます．

　地上に降った雨水は，二つの行方をたどります．どちらの行方をたどるかは，降る雨の強さ，土壌の多孔性，浸透性，厚さ及び土壌の湿気によって決まります．なお，土壌は多数で微細な孔（あな）を持っており，水分を浸み込む性質があります．

　水の一部は，いわゆる表面に流出して，直接小川や河川に流れ込み，さらに海岸に流れ込んでいきます．この水は，大陸で囲まれているので，「陸封水」といわれています．残りの水は，土壌に浸み

込み，浸み込んだ水の一部は土壌中の湿気となりますが，この水は直接太陽に温められ蒸発したり，植物の根から吸収され，葉から発散されます．土壌に凝集ないし付着しなかった水は，浸み込んで地下に移動していき，飽和帯としてたまり，地下の巨大な貯水槽となります．この飽和帯の上面を，地下水面といいます．普通，地下水面は水が補充されると上昇し，そこで泉などとして地上に水を放出すると，再び下がるのです．

名水の表面張力

中国古代の美女西施にたとえて「西子湖」と詠んだことから，西湖（せいこ）と呼ばれることになったといわれるその湖の南，虎跑山の麓に湧き出る泉が「虎跑泉（フーパオ チュエン）」です．「天下第三泉」と呼ばれる名泉で知られています．

市街からは約6kmのところにあり，西湖と銭塘江の間の山間部に位置しています．この周囲にある砂岩層は，割れ目が多くて水が浸透しやすく，そこは地下水が豊富な場所なのです．湧き出る泉水は溶けにくい石英沙岩の中に流れ出てくるので味が豊かで，鉱物質の含有量が少なく，分子密度が高いので，表面張力が強いのです．碗になみなみと注いでも3mmも盛り上がり，こぼれにくく，日本円の一円玉（アルミ硬貨）が，水の表面に見事に浮かびます．

泉水は清らかで甘く，この水でたてた龍井茶は，古来より「西湖双絶」（西湖第一級のもの）といわれます．

「虎走る泉」という名は，仙人が二匹の虎を使って，泉を掘らせたという伝説からですが，他の説では，この付近にあった寺に火事が起きたとき，虎が地面を掘り，掘り出した土と湧き出た水を足でけり，無事鎮火させたと伝えられ，虎の跑（足）の泉と名付けられ

名水の表面張力

図2.1 「天下第三泉」と呼ばれる名泉「虎跑泉」

表面張力により一円硬貨が「水」の表面に
見事に浮かび上がる

たとのことです．「ほう」は，足ヘンに包の内側が巳になった字です．

　虎跑泉に行く途中に，湧き水を汲める場所があり，日本同様，市民たちも続々と汲みにきています．

お寺の火事を，掘り出した土と湧き出た水を足でけり無事鎮火，「虎」の「跑（足）」の「泉」

「COD」,「富栄養化」, 横ばいで改善が見られない宍道湖・中海

近年，水質悪化が深刻化している島根県にある宍道湖・中海の水質の経年変化を見てみると，化学的酸素要求量（COD）はほぼ横ばいで推移しています．環境基準の達成にはまだ至ってはいないようです．また，アオコや赤潮に見られる「富栄養化」の目安ともされる全窒素及び全りんについても，同様に横ばい状態で，これらについても環境基準は達成されていないとのことです．ちなみに，COD値からみますと宍道湖は，1999年5.0 mg/L（1998年5.4mg/L），中海は，1999年6.2 mg/L（1998年6.5 mg/L）となっており，両湖とも依然として顕著な改善は見られていません．宍道湖・中海が汚染された原因は，人口の集中化や生活様式の変化，産業活動の発展などにより，それぞれの湖に流入する汚濁物質の量が増加したことにあると考えられています．また，湖底に堆積してい

る底泥から溶け出す汚染物質も水質汚濁の原因となっているのです．

宍道湖・中海では，年によってアオコや赤潮の発生が見られます．ここ数年は，ミクロキスティス，オシラトリアという植物プランクトンによるアオコや，プロロケントラムという植物プランクトンによる赤潮の発生が毎年確認されています．

アオコとは，植物プランクトンの増殖のために，海水が変化する現象をいいます．この場合は，水面が緑色に濁ります．また赤潮とは，植物プランクトンの増殖のために，海水が変化する現象をいいます．この場合は，水面が赤褐色に濁ります．原因となる生物は，鞭毛藻（べんもうそう＝ミドリ虫）類，珪藻（けいそう）類，夜光虫が主です．

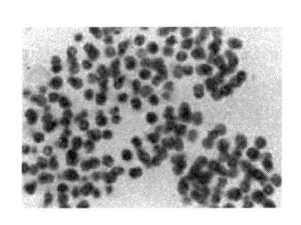

図2.2 ミクロキスティス **図2.3** プロロケントラム

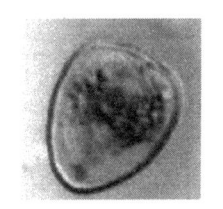

このようなアオコや赤潮の発生に見られる，湖の富栄養化が進むと，植物プランクトンの死骸が湖底に沈殿してヘドロの原因になるのです．また，植物プランクトンが死んで分解するときに，水中の酸素をたくさん消費して，水中の酸素が少なくなり，湖内の魚介類が死んでしまう場合もあるのです．

富栄養化とは，湖沼や内湾で「貧栄養」が「富栄養」に移り変わる現象です．栄養分（窒素，リン）を含む排水が流れ込むことによっても起こり，プランクトンが増殖して，水質を汚濁させます．霞

図 2.4 アオコ（宍道湖）

図 2.5 赤潮（中海）

ヶ浦，諏訪湖などがその例です．

　逆に貧栄養とは，水中の栄養分が乏しく，生存するプランクトンが少ない現象です．この場合，湖沼は一般に深くて透明度は大です．摩周湖，十和田湖などがよい例です．

　このような富栄養化が進むと，湖水の汚濁や悪臭などの原因となって魚介類に影響を及ぼすことになるので，それを阻止しなければなりません．

二つの湖は，汽水湖であるため，淡水魚や海水魚が入り混じって多くの魚介類が生息しています．宍道湖では，ヤマトシジミ，スズキ，ワカサギなど，中海では，ボラ，スズキなど，様々な生き物たちのすみかなのです．

宍道湖・中海は，私たちに有形，無形の恵みを与え続けてくれる貴重な財産です．この財産を清らかに保ちながら，次世代へ継承していくことは，現世に生きる私たちの責任なのです．汚濁の原因や水質を保全するための対策について理解を求め，一人一人にできることを考え，行動していくべきだと思います．端的にいえば，汚染源となる流域における生活排水，工場排水，農業排水の流出の削減に努め，観光客を含めてゴミ類の投げ捨てを厳禁することが，両湖の水質改善につながるのです．

「銭塘江の大逆流」は見事

銭塘江は，中国浙江省の北部・杭州市の南を流れ黄海に注ぎます．この銭塘江の河口に海水が逆流するという現象が「銭塘江の大逆流」として有名です．この現象は，世界でもアマゾン川のポロロッカとここでしか見られず，大変珍しいものです．銭塘江のラッパ状の河口と太陽や月の引力による満潮によって起きるもので，特に旧暦の

図 2.6 銭塘江の大逆流

8月18日（通常は新暦の9月中）に起きるものが特に激しく、「銭塘の秋濤」で知られています．この日は，内外から多くの観光客が訪れます．

　世界の奇観の一つといわれているとおり，その逆流は壮観そのものです．背を伸ばして沖の方を見やれば，遠くはるかな水面（みなも）に白い線，あれが漢詩に詠まれた白い虹です．白く光る波頭が不思議に，そして恐ろしく見えます．

男神が女神に通う道「御神渡り」

　諏訪湖の「御神渡り（おみわたり）」は，厳しい寒さで湖面全体が結氷し，氷が膨張と収縮を繰り返して割れ目がせり上がってできる自然現象です．湖を南北に縦断するように走ることなどが，認定の条件になっています．地元では，諏訪大社上社の男神が，下社の女神のもとに通う道（会いに行った跡）などと伝えられています．

図2.7　氷の割れ目がせり上がる「御神渡り」が出現した諏訪湖

男神が女神に通う道「御神渡り」　　　　　　　　　　27

図 2.8　2年連続で「御神渡り」が出現した諏訪湖

　この現象が，2003年1月17日，5年ぶりに姿を現しました．御神渡りの神事をつかさどる八剣（やつるぎ）神社は同日夜，総代会を開き御神渡りと認定しました．

　1月19日朝，同神社の宮司たちが氷上に出て，氷の割れ目の位置で気象や農作物の出来を占う「拝観式」の神事を行いました．2003年の御神渡りの状況を過去の記録と照合し，「天候不順，政治や経済は不安定」などと占いました．

　1月19日の最低気温は，零下4.5℃でしたが，珍しい現象を一目見ようと，大勢の見物客が繰り出しました．

　諏訪湖では，2003年1月17日に引き続き，2004年1月31日，2年連続で御見渡りが確認されました．氷の筋で気象を占う「拝観式」の神事が前回同様行われ，結果は「作柄，天気はやや不順，景気は不安定だが明るい兆しあり」とのことでした．

　この不思議な現象の占いは，果たして適中するのでしょうか．

幻想的な「白石灰棚」パムッカレ

　幻想的な「白石灰棚」が広がるパムッカレは，トルコ語で「綿の城」と呼ばれています．その名が示すとおり，白い宮殿のようにも見えます．階段状の「不思議な温泉」です．古代から湧き出る温泉に含まれる，二酸化炭素とカルシウムによってできたものです．高さ200 m，幅1 kmにわたって，純白の石が氷柱のように垂れ下がっています．多量の石灰質を含んだ温泉が，斜面を流れ落ちるときに，石灰質だけが残り，この華麗で幻想的な景観になったのです．

　石灰棚は，自然保護のため，足を踏み入れることはできません．ほんの入口だけ観光客に開放されています．そのわずかな場所も土足厳禁なので，靴を脱ぎ素足になって，恐る恐る歩かなければなりません．ここは，表面がすべすべしているため，油断をするとしりもちをついてしまいます．表面は冷たく，あまり長くは歩行できないので，横を流れる温泉に足を浸すと，暖かく気持ちがよいので，いつまでも浸っていたい気分になります．昔は，水着になってこの温泉に入ることができましたが，近隣のホテルがお湯を引き過ぎて，

図2.9　銀世界の「石灰棚」パムッカレ

水量が著しく減少したといわれています.したがって,残念ながら,温泉にゆっくりと身体を浸して,温泉三昧にふけることはできないのです.

温泉には浸れないものの,好天に恵まれれば,白石灰棚の水たまりには雲が写ってとても美しく,まさに,この世のものとは思えない,幻想的な世界です.

想像以上に進んでいる地盤沈下

地盤沈下の実態は,あまり知られていませんが,全国的に広がっています.地盤沈下は,地下水を過剰に採取することによって発生する現象です.つまり,それによって地下水位が低下し,粘土層が収縮するために生じるのです.いったん沈下した地盤は,元に戻ることはありません.建造物の環境や,洪水時の浸水増加などの被害をもたらします.

地下水の採取の現状は,どのようになっているのでしょうか.表2.1のとおり「工業用」をはじめとし,「水道用」,「農業用」,「建築物用」など多岐にわたっています.

代表的な地域における経年変化の実態は,どうなっているのでしょうか.これも,図2.10,図2.11を見るとよく分かります.2001年度までに,地盤沈下が認められている主な地域は47都道府県のうち37都道府県61地域となっています.驚くべき事実ではないでしょうか.

最近におけるわが国の地盤沈下は,調査によると,次のような特徴が挙げられるということです.

① 環境省が全国の地盤沈下面積調査を開始した1978年度以降,1997年度に初めて年間4cm以上沈下した地域が認められ

表 2.1 わが国の地下水利用状況（2001年度）

(単位：億m³/年)

用　　途	全水利用量	表流水その他	地下水	地下水依存率
工業用	97.8	72.2	25.6	26%
上水道用	168.7	132.5	36.2	21%
農業用	579.3	546.3	33	6%
その他（建築物用等）	—	—	5.9	—

備考：1. 工業用は，経済産業省［平成12年工業統計「用地・用水編」］により操業日数300日として算出した．工業用の全水利用量とは回収水を除く淡水取水量，地下水とは井戸水（浅井戸，深井戸又は湧水から取水した水）をいう．

2. 上水道用は，厚生労働省「平成11年度水道統計調査」（平成11年度調査）の取水量により算出（上水道事業及び水道用水供給事業の合計）した．地下水とは井戸水（浅井戸及び深井戸）をいう．

3. 農業用は，国土交通省「平成14版日本の水資源」の農業用水全水使用量とした．農業用地下水は農林水産省「第4回度農業用地下水利用実態調査」（平成7年10月から平成8年9月調査）による．地下水とは，深井戸，浅井戸，集水渠及び湧水等より取水されるものをいう．

4. その他（建築物用等）は，環境省が地方公共団体（29都道府県）で，条例等による届出等により把握されている地下水利用量を合計したものである．

ないという結果となりました．1998年度から2001年度も，引き続き年間4cm以上沈下した地域は認められませんでした．年間2cm以上沈下した地域は9地域，沈下した面積（沈下面積が1km²以上の地域の合計）は，28km²です．

② かつて，著しい地盤沈下を示した東京都区部，大阪市，名古屋市などでは，地下水規制の対策の結果，地盤沈下の進行は鈍化あるいは，ほとんど停止しています．しかし，千葉県九十九里平野など，一部では依然として地盤沈下が認められています．

③ 長年継続した地盤沈下により，多くの地域で建造物，治水施設，港湾施設，農地及び農業用施設等に被害が生じており，海抜0m地域では，洪水，高潮，津波などによる甚大な災害の

想像以上に進んでいる地盤沈下   31

全国の地盤沈下地域の数及び面積（1989〜2001年度）

上段：地域数（単位：地域）　下段：面積（単位：km²）

年度	1989	1990	1991	1992	1993	1994	1995	1996	1997	1998	1999	2000	2001
年間2cm以上沈下した地域	16 285	18 360	17 476	19 525	11 276	21 902	14 21	13 258	9 244	9 250	9 6	7 6	9 28
年間4cm以上沈下した地域	4 7	5 14	4 6	6 25	1 >	6 113	2 >	4 22	0 0	0 0	0 0	0 0	0 0

注：一部面積を測定していない地域がある．
　　面積は四捨五入の上，1km²単位で表示している．
　　>とは，0.5km²未満を示している．

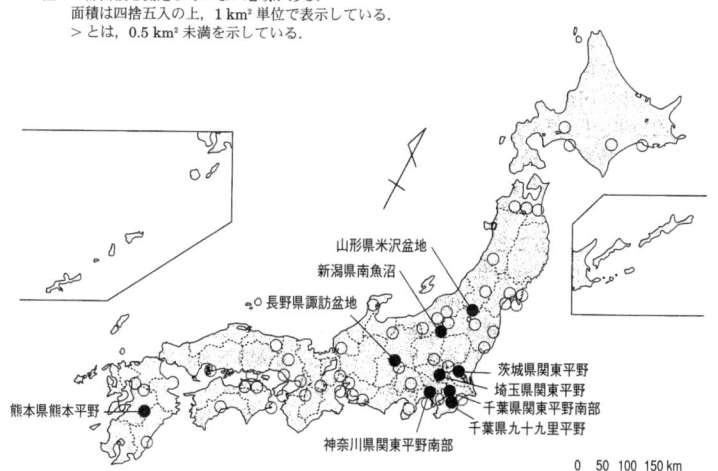

● 2001年度に年間2cm以上の地盤沈下が認められた地域（9地域）
○ 2001年度までに地盤沈下が認められた主な地域（上記地域を含めて61地域）

図2.10　全国の地盤沈下地域の概要

　危険性のある地域も少なくありません．
　この結果を踏まえて，大切な地下水の過剰な採取をしないように，われわれ一人一人が真剣に心掛ける必要があるのではないでしょうか．そしてまた，行政も地下水規制を強化して，さらに地盤沈下の鈍化を推し進めるべきではないのでしょうか．

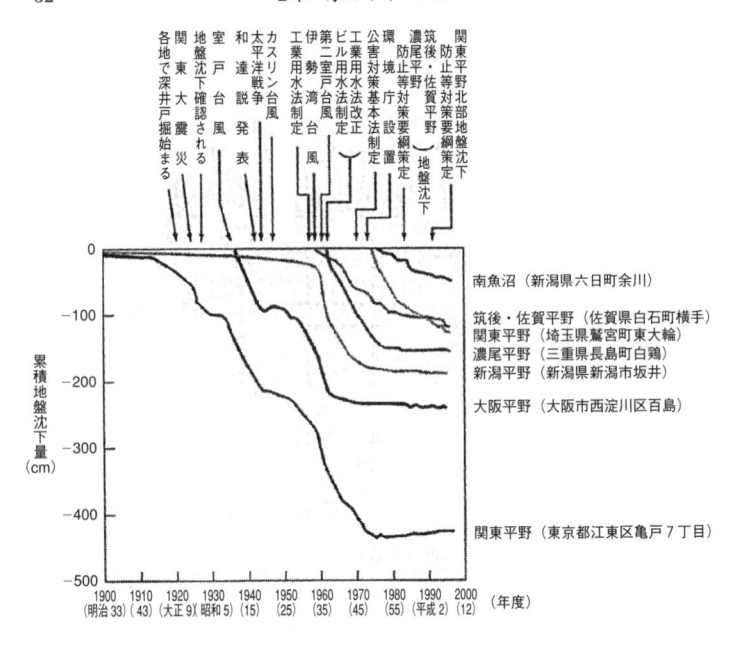

図2.11 代表的地域の地盤沈下の経年変化

かつて，山形米沢盆地を訪れたとき，見るも無残な地盤沈下を目にしました．歩道橋の階段をはじめ，街のあらゆるところで地盤が傾き，落ち込んでいることが分かりました．この原因は，市役所によると，井戸の過剰な掘削によるもので，しかも，その正式な届出はほんのわずかで，その実態は全く把握できないとのことでした．しかも，この地域は豪雪地帯なので，消雪用として市街地では地下水が温められ温水となって地上に吹き出す方式がとられ，井戸の汲み上げと併せて大量の地下水が消費されています．雪に泣き，雪に悩まされる地域の宿命といってしまえばそれまでですが，抜本的な

対策が必要ではないかと思われます.

　水上都市といわれ，多くの観光客を集めているヴェニスでもこの現象に，いま悩まされています．高波が押し寄せると，サンマルコ広場は水びたしとなり，広場はおろか，周囲にある店々にも水が浸入して，水はけに追われ商売はお手上げの状態だと聞きます．ここでも，改善策が求められています．

生物は存在しない「塩の湖」，トゥズ湖

　トルコのカッパドキアからアンカラに向かう途中，突然現れる白一色の世界に目を奪われます．ここは，アンカラの南方100 kmにあるトルコ第2の大湖です．長さ約80 km，幅約50 km，湖面の標高899 mと広大さを誇っています．

　バスを降りると，もうそこはあたり一面真っ白で，大きさも半端でなく，圧倒されます．トゥズ湖は，別名「塩湖」と呼ばれ，その名の示すとおり湖の周りの干上がっているところは，塩そのものです．まるで，塩でできたスケートリンクのようです．腰をおろして

図 2.12 一面塩の世界「トゥズ湖」

塩をなめている人たちにつられて，少し口に含んでみると，そのしょっぱさも半端ではありません．まさに，本当の塩です．なんと，塩分は33％もあるといわれています．

はるかに水が見えますが，水があるところまでは100 mほど歩かなければなりません．塩又は塩の道は，ちょうど雪道を歩いているようで，足をとられて転げる人もいます．

湖水は青く澄んでいて，とても美しく，塩の白色とのコントラストが素晴らしく，神秘的な感じがします．明るい太陽に照らされて，大きな宝石のようでもあります．

大塩湖であるトゥズ湖は，日本の琵琶湖より少し大きい程度の湖ですが，深さが最大で50 cmしかないので，泳ぐこともできないのです．

白砂の湖岸にエメラルドの水面で，真に美しい湖ですが，真夏には湖水がほとんどなくなってしまうのです．そのときは，全面「白い塩の池」と化して，湖の中には生物は何も存在しないそうです．

そういわれて，いま歩いてきた白い道を振り返ると，湖岸には植物も一切生育せず，何か不気味な雰囲気を感じさせます．なぜこんなところに塩の湖があるのでしょうか．それは，紀元前1500年ごろまでは，カッパドキア周辺が内海だったためらしいのです．その海の一部が湖として残ったのですが，長い歳月で水分が蒸発して塩分が非常に濃くなったとのことです．

海水と塩のメカニズムは，日本でも古来より知られていますが，海水で作られた塩は，ミネラル分も豊富で，海のパワーがあるといわれます．

トゥズ湖は，内陸性の塩湖で，多量の塩類を産し，トルコの内需を賄っています．

世界最大といわれるサンゴ礁群,「グレートバリアリーフ」

　南半球にあるオーストラリアは,日本の冬の時期に真夏を迎え,観光のベストシーズンとなります.中でも,グレートバリアリーフは,どこよりも透明度が高く見飽きることはない魅力を持っています.

　パプアニューギニア寄りのトレス海峡からグラッドストーン沖に至る2 300 kmに及ぶグレートバリアリーフは,「世界最大のサンゴ礁群」が連なる場所です.オーストラリアの北東の沿岸沿い(クイーンズランド州東岸)に,日本列島と同じ規模を持っています.およそ200万年前から枝サンゴが成長を始め,2 900もの個々のサンゴ礁が集まり,現在の形になっているといわれています.サンゴ礁が形成されるためには,20°C以上の温かい海水,太陽の光,水深50 m以下という三つの条件が必要です.グレートバリアリーフは,水深20〜30 mの海が続く亜熱帯地帯なので,絶好の条件をそろえていたといえるのです.

　そこには,大小600〜700を超える島々がエメラルドグリーンの

図2.13　サンゴ礁と魚たちの宝庫「グレートバリアリーフ」

海に浮かび，世界のサンゴ礁の約半分に当たる350種類が生息しています．一つのリーフだけで，カリブ海より多くの種類の魚たちが見られます．その数は，1500種類以上といわれ，魚たちの美しい世界を心ゆくまで堪能できます．

　魚を守る，「生命のユリカゴ」グレートバリアリーフは，さまざまな顔を見せます．サンゴは，触手でプランクトンを食べて生存しているのですが，「昼間は植物」と思われていたサンゴが，「夜間になると動物」の顔を見せるのです．夜になると，産卵という現象が起こるからです．産卵に適する海の水温は27℃といい，26℃でも産卵はしないといいます．産卵の後は，海面に帯ができ，海面で受精して，海の中にもぐるそうです．

　サンゴ礁とは，サンゴ虫の群体の石灰質骨格と石灰藻とが堆積して生じた岩礁，又は島のことです．清澄な暖海の浅い部分に生じますが，グレートバリアリーフは，それにピッタリの所といえるでしょう．海水と太陽光線，それに水深というメカニズムによって作られるサンゴ礁は，魚たちにとってなくてはならないものであるばかりでなく，誕生からの長い歴史を誇る神秘的で不思議な存在なのです．

　自然の創造物の中で，最も魅力的で，色鮮やかなものの一つといわれるサンゴ礁は，今もこうして脈々と生き続けているのです．

砂漠に水が存在し，動植物が生存，「エアーズロック」の謎

　オーストラリアのウルル・カタジュタ国立公園内に位置する「世界最大の一枚岩」がエアーズロックです．

　およそ，6億年という歳月の中，浸食・堆積が繰り返され，400万年前くらいに巨大な現在の姿となりました．

砂漠に水が存在し，動植物が存在,「エアーズロック」の謎　　37

　エアーズロックは，先住民アボリジニの言葉で，「ウルル(ULURU)」とも呼ばれ，1万年も前から聖地として崇められています．高さ348 m，周囲9.4 kmの岩は，「地球のへそ」ともいわれ，オーストラリアの観光の目玉ともなっています．地表に出ているのは一部で，地面下にはその3倍もの岩，塊が埋まっているといわれています．

　その昔，海の底にあったと伝えられるこの周辺には，それを物語る数々の証拠が現存しています．エアーズロックの遊歩道付近に点在する大きな岩の壁面に，太古の貝殻や魚の化石が付着しているのを見掛けます．そのせいなのでしょうか．エアーズロックの麓に井戸が現存し，アボリジニだけが飲用している水があるとのことです．砂漠の下に，いまもなお，太古から貯えられている水の層が涸れることなく湧き出ているのでしょうか．

　オーストラリアの先住民であるアボリジニの祖先が住み着いたのは，今から約4万年ほど前と推定されています．当時，海面が今より200 m低かったことが，アジア大陸からの渡航を可能にさせたと考えられています．つまり，ちょうど氷河期のころで，内陸続き

図2.14　世界最大の一枚岩「エアーズ・ロック」

だったために,アボリジニはオーストラリアに住みついたわけです.小船を操り,東南アジアから渡って来たというアボリジニは,狩猟,採集生活を営んでいたといいます.

その後,2万年ほど前から,海面が上昇し始め,アジアとの連絡は全く断たれ,1万年前から始まっていた農耕文化とは,完全に隔離されることになりました.したがって,アボリジニは,やむなく狩猟・採取による生活を続けていったのです.

アボリジニは,ごはんの代わりに,ドロガニや貝類(ヒツビ貝など)を好んで食べたということです.先住民の生きてきた証として,今でも貝塚が残っています.

不思議な現象は,まだまだあります.表2.2のとおり,年間を通じて降雨量が少ないにもかかわらず,雨季の後,砂漠に突如出現する植物たちには驚かされます.赤土の大地が,野生の草花で覆われるのです.植物の生命力は,素晴らしいものです.

冬の寒い時期が終わり,8〜11月,気温が25〜35℃くらいの温かい季節になると,50種類を超える野生の植物が芽を出し,色とりどりの花が,まるで絨毯を敷きつめたような景色にあたりを変えます.また時として,日照りの時期に季節はずれの雨が降った後には,たくさんの植物を目にすることができます.

夏には,日中の気温が40℃近くまで上がり,冬には20℃くらいで,朝は冷え込み,0℃近くまで気温が下がります.しかも,年間

表2.2 エアーズロックの年間気温と年間降雨量

	1月	2月	3月	4月	5月	6月	7月	8月	9月	10月	11月	12月
平均最高気温(℃)	35.9	34.7	32.3	28.0	22.8	19.8	19.4	22.3	26.5	30.5	33.3	35.2
平均最低気温(℃)	21.2	20.7	17.4	12.5	8.3	5.3	4.1	6.1	9.8	14.6	17.7	20
降雨量 (mm)	34	39	22	12	17	16	13	12	6	20	23	32

砂漠に水が存在し,動植物が存在,「エアーズロック」の謎　　39

の降雨量が少ない厳しい気候にもめげず,この中央オーストラリアの砂漠には,植物のほか,何百種類もの動物がすんでいるのです.野生動物の自然な姿を見ることができるのも,ここを訪れる最大の魅力の一つなのです.この地域に特有な動物には,レッドカンガルー,ディンゴ,オオトカゲなどがおり,高い崖の上にはロックワラビー,そして,砂漠をゆっくりと歩く珍しいトーニー・デビル(無毒のトゲのあるトカゲ)にも出会うことができます.日中の暑さを避けるため,砂漠にすむ動物たちの多くは,夜に活動しています.

　ウルル・カタジュタ国立公園は,ほとんど雨が降らないのですが,マウントオルガの岩の隙間からは水が湧き出ていて,途中にある「マギーの泉」は,一年中涸れることはないとのことです.このことからこの泉は,アボリジニの聖地となっています.泉には,たくさんのゲンゴロウが泳いでいます.周りは砂漠で水がないのに,どうしてここにすみ着いたか,不思議でたまりません.また,アボリジニは,ここで生物たちと一緒に泳ぐのです.

　エアーズロックの成り立ちは,陸に隆起して,90度回転して今

図2.15　一年中涸れることのない「マギーの泉」

の位置に収まったといわれていますが，それらの自然現象が，今なお井戸の水を湛え，泉の水を涸らさずに貯め，そして動植物たちの生存を許しているのでしょうか．

地元の人たちに，この謎を聞いても，答えてくれる人はいません．たとえ分かっていたとしても，いつまでもそっとしておきたいものなのかもしれません．

砂漠に水が存在し，動植物が依然として生存しているとは，劇的ともいえる事柄ではないでしょうか．

なお，のちにエアーズロックにある，図2.16のようなアボリジニの壁画のことを調べてみました．そこに描かれている「渦巻き」は，「水の場所」とか，「腹に蜜を貯めたアリの場所」とかを表していたのです．

図2.16 「エアーズロック」の岩の壁面に描かれた奇妙な絵

3 水を測る

「おいしい水」とは，表3.1のように厚生省（現厚生労働省）の「おいしい水の水質要件」によると，ミネラル，硬度，炭酸ガス，酸素を適度に備えた冷たい水が，おいしい水といわれます．冷たい水は，気分がすっきりとし，舌で味わう感覚も鈍くなるので，カルキ臭などが気にならなくなるのです．10〜15℃くらいに冷却したものが，適温といわれています．また，味を良くする成分であるミネラルや二酸化炭素が適度に溶解していると，おいしいとのことです．

逆に，過マンガン酸カリウム消費量，臭気度，残留塩素の度合いが高くなりますと，水の味を悪くします．

ただし，水のおいしさは，さまざまな要件や飲む人の置かれた環境条件によっても左右されます．

BODとCODはそれぞれ河川，湖沼の汚染度を示す

BODとは，Biochemical Oxygen Demandの略称で，「生物化学的酸素要求量」のことをいいます．水の中の微生物が有機物（汚れ）を分解（食べる）するときに，生物が必要とする酸素の量を表します．汚れの量が多いほど，生物が必要とする酸素も増加しますので，BODが大きくなればなるほど，水は汚れているといえます．

毒物などの異物が，全然川に流れ込んでいないのに，川で魚が死んでいることが，ときどきあります．これは，水の中の酸素が不足

表 3.1 おいしい水の水質要件

水質項目	おいしい水の要件	内　容　・　特　徴
蒸発残留物	30〜200 mg/L	水を沸騰させても蒸発しないようなミネラルや鉄，マンガンなど指し，1 L 中 30〜200 mg 含まれているのが理想とされる．量が多いと苦味や渋みが増し，適度に含まれると，コクのあるまろやかな味がする．
カルシウム・マグネシウム（硬度）	10〜100 mg/L	ミネラルのなかで量的に多いカルシウム，マグネシウムの含有量を示し，硬度の低い水はくせがなく，高いと好き嫌いが出る．カルシウムに比べてマグネシウムの多い水は苦味を増す．
遊離炭酸	3〜30 mg/L	水にさわやかな味を与えるが，多いと刺激が強くなる．
過マンガン酸カリウム消費量	3 mg/L 以下	有機物量を示し，多いと渋味をつけ，多量に含むと塩素の消費量に影響して水の味を損なう．
臭気度	3 以下	水源の状況により，さまざまな臭いがつくと不快な味がする．異臭味を感じない水準．
残留塩素	0.4 mg/L 以下	水にカルキ臭を与え，濃度が高いと水の味をまずくする．塩素臭が気にならない濃度．
水　温	最高 20°C 以下	夏に水温が高くなると，あまりおいしいとは感じられない．冷やすことによりおいしく飲める．

していることが原因となっています．川の中の生き物たちは，酸素を吸って生きています．私たち人間が，大量に有機物（汚れ）を川に流しますと，それを分解（食べる）するときに，たくさんの酸素が必要になります．そのため，川の中の酸素が減少して，魚たちが息ができなくなって，死んでしまうのです．

BOD を調査するには，水の中の酸素の量を測る器具など，いろいろな器具が必要です．まず，調査したい水を決められた量（例えば 1 L）とり，20°C に保ったまま，エアポンプ（魚の水槽などでブクブクと空気を送っているようなもの）などで空気を吹き込み，水の中に十分酸素が入っている状態にします．このときの水の中の酸

素の量を調査してから，暗いところに，静かに5日間置いておきます．5日後に再び水の中の酸素の量を測ると，微生物の働きで，使われた酸素の量が分かります．

BODは，1L当たりの水中の酸素の量（mg/L）で表されます．ちなみに，下水処理場で，きれいにしてから川に流出される水は，BODで20 mg/L以下でなければならないと決められています．

人間が生きるために，他の生き物たちを死に追いやるのは，過酷です．家庭排水，工場排水などの排出を，極力少なくするように心掛けなければなりません．

BODは，「河川の汚染を測る方法」として，最も重要な項目です．

「河川の環境基準」は，表3.2のとおり定められていますが，水のきれい，汚いを判断する尺度として，BODのほかに，pH，SS，DOなどがあります．

CODとは，Chemical Oxygen Demandの略称で，「化学的酸素要求量」のことをいいます．BODと同じ汚れを調べる目安ですが，酸化剤（過マンガン酸カリウム等）を水の中に入れたときに，汚れと結び付いた酸素の量を表します．BODと同様に，大きくなればなるほど，水は汚れているといえます．CODの値を大きくするのはBODと同じく人間の仕業です．

CODは，「湖沼や海域の汚れを測る方法」として，最も重要な項目です．

「湖沼の環境基準」は，表3.3のとおり定められていますが，水のきれい，汚いを判断する尺度として，CODのほかに，T–N，T–Pがあります．

pH

pHとは，溶液中の水素イオン濃度のことをいいます．

表3.2 水質の環境基準（河川の環境基準）

類型	水質	利 用	pH (水素イオン濃度)	BOD (生物化学的酸素要求量)	SS (浮遊物質量)	DO (溶残酸素量)
AA	きれい ↑↓ 汚い	ろ過などで水道水に使える水質	6.5以上8.5以下	水1L当たり1 mg以下	水1L当たり25 mg以下	水1L当たり7.5 mg以上
A		ヤマメ，イワナのすめる水質	6.5以上8.5以下	水1L当たり2 mg以下	水1L当たり25 mg以下	水1L当たり7.5 mg以上
B		サケ，アユのすめる水質	6.5以上8.5以下	水1L当たり3 mg以下	水1L当たり25 mg以下	水1L当たり5 mg以上
C		コイ，フナのすめる水質	6.5以上8.5以下	水1L当たり5 mg以下	水1L当たり50 mg以下	水1L当たり5 mg以上
D		農業に使える水質	6.0以上8.5以下	水1L当たり8 mg以下	水1L当たり100 mg以下	水1L当たり2 mg以上
E		不快を感じない程度の水質	6.0以上8.5以下	水1L当たり10 mg以下	ごみ等の浮遊が認められないこと	水1L当たり2 mg以上

通常，水素イオン指数「pH」をもって表記します．

酸性（酸味が強い）になると，pHが7より小さくなり，アルカリ性になると，pHが7より大きくなります．

水道水の基準では，pHが5.8～8.6です．

SS

SSとは，Suspended Solidの略称で，浮遊物質量をいい，水中に浮かんでいる物質の量のことです．私たちが，見た目で判断する水の汚染は，このSSとほぼ同じです．

これは，水中に含まれている小さなゴミのことで，プランクトン，生物体の死骸，破片，糞やその分解物，それに付着する生物などの

表 3.3 水質の環境基準（湖沼の環境基準）

類型	水質	水質のめやす	COD（化学的酸素要求量）
AA	きれい ↑ ↓ 汚い	ろ過などで水道水に使える水質	水1L当たり1mg以下
A		サケ，アユのすめる水質	水1L当たり3mg以下
B		コイ，フナのすめる水質	水1L当たり5mg以下
C		高度な浄水操作を行って水道水に使える水質	水1L当たり8mg以下

類型	水質	水質のめやす	T-N（全窒素）	T-P（全リン）
I	きれい ↑ ↓ 汚い	自然にきれいな水質	水1L当たり0.1mg以下	水1L当たり0.005mg以下
II		サケ，アユのすめる水質	水1L当たり0.2mg以下	水1L当たり0.01mg以下
III		浄水処理を行って水道水に使える水質	水1L当たり0.4mg以下	水1L当たり0.03mg以下
IV		ワカサギなどがすめる水質	水1L当たり0.6mg以下	水1L当たり0.05mg以下
V		コイ，フナのすめる水質	水1L当たり1mg以下	水1L当たり0.1mg以下

小さな粒などがあります．

SSを測る単位は，mg/L です．

DO

DOとは，Dissolved Oxygenの略称で，溶存酸素量のことをいいます．「水中に溶け込んでいる酸素の量」を表します．前述のように水が汚染されていますと，水の中の微生物が，酸素を多く使用しますので，溶けている酸素の量は減少してしまいます．つまり，溶存酸素量の値が小さいほど，水は汚染されているといえます．きれいな川で7～10です．

DOを測る単位は，mg/L です．

T–N

T–Nとは，全窒素のことで，窒素化合物をまとめた呼び名です．窒素は，動植物の増殖には欠かすことのできないものですが，窒素やリンなどの栄養塩類の量が増える（富栄養化）と，アオコの大量発生など，水質悪化の原因となります．栄養塩類とは，生物が，正常の生活を営むのに必要な塩類のことです．植物は，窒素・硫黄・リン・カリウム・カルシウム・マグネシウムの塩類を水に溶けている形で根や体表面から摂取します．さらに，鉄・ホウ素・亜鉛などの塩も微量にとります．一方，動物は，以上の塩を食物から摂取します．その他，ナトリウムと塩素を多量にとります．

T–P

T–Pとは，全リンのことで，リン化合物をまとめた呼び名です．リンは動植物の成長に欠かすことのできないものですが，窒素と同じく水質悪化の原因となります．

「硬水」と「軟水」

カルシウムとマグネシウムの量を多く含んでいる水のことを「硬水」といいます．逆に，それらを少なく含んでいる水のことを「軟水」といいます．

この量の程度は，「硬度」で表しますが，その決め方は，国によってさまざまです．日本では，カルシウム量とマグネシウム量を炭酸カルシウム量に置き換えたものを「硬度」（水道水の基準では，「カルシウム，マグネシウム等（硬度）」と表す）としており，1 L当たり1 mgを1度としています．

日本の河川水は，ほとんどの場合軟水ですが，地下水は硬水であ

表3.4 硬水と軟水の区分

区　分	硬　度
軟　水	0〜100
中程度の軟水 （中硬水ともいう）	100〜300
硬　水	300〜

ることも少なくありません．しかし，飲料水として利用しているのは軟水です．

　海外では，とりわけヨーロッパはほとんどの国の水道水が「硬水」です．したがって，軟水に慣れた日本人が飲用すると，一過性の胃腸病にかかる恐れがあります．ミネラルウォーターを求めて，飲用した方がよいと思います．この場合，ガス入りのミネラルウォーターは，硬度が高く日本人の口には合いませんので，ガスが入っていないミネラルウォーター（硬度が低い）を手に入れた方が得策です．現に，フランスで知り合った人がガス入りを購入して飲用したところ，もともと胃腸が弱かったためお腹をこわしたという例もあります．

　また，この「硬度」は，もともと石けんの泡立ちを示すものといわれ，豆を煮るときにやわらかくなるかどうかに語源があるといわれています．軟水は，洗濯，染色，ボイラー用に適し，硬水は，洗濯には適さないとされています．

4 水と環境を考える

今は昔，隅田川お茶屋さんの水

　東京の象徴ともいえる隅田川を久しぶりに訪れてみました．以前は汚れがひどく，見る影もなかった「魚影」がだいぶ戻ってきました．鼻をツンとつく悪臭も，あまり感じられなくなりました．

　しかし，地元の人たちは，釣った魚はまだ食べられないといいます．おそらく，屋形船など行き交う船などから吐き出される汚物が，いまだ川を汚染しており，食用にするのは無理なのでしょう．

　排出される汚物が多い屋形船に対しては，関係官庁から船の底部に汚物の回収槽（回収枡）を設置するよう指導がありましたが，船の持主から採算に合わないということで，受け入れられず，ほとん

図4.1　隅田川の過ぎし良き風景（大正13年ころ）
（写真提供：秋元一郎，泉興産株式会社）

どの船は付けていないのが現状です．

今は，コンクリート防壁で両岸を囲まれた隅田川ですが，その昔は，土塀で道も今みたいに舗装されておらず，川の両側にはお茶屋さんがあったそうです．川の水は清冽（せいれつ）で美味しく，しかも安価なので，庶民に親しまれ，けっこう繁盛していたとのことです．隅田川の水が売られていたとは，とても信じられません．それも，ドンブリ一杯で一文と格安でした．

自然との共生を重んじた昔の川の姿を取り戻すことは無理としても，浄化の兆しを消してはなりません．

シジミによる佐鳴湖の「水質浄化作戦」

静岡県浜松市にある佐鳴湖が，2001年度の「湖沼水質ワースト5」で，ワースト1位の汚名をきせられてしまいました．

調査によると，下水道の整備が遅れた地域の河川（新川，段子川）からの流入や，湖の藻類が生み出すリンや窒素，湖内の逆流による水質悪化が湖の汚濁を招くことが分かりました．

浄化対策としては，基本方針として，大量に排出される生活排水など，流域での対策を焦点に，河川や湖の調査をさらに進める必要があるとのことです．

一方，同湖でシジミの生育実験に取り組んでいる民間非営利組織（NPO）環境グループは，2003年4月12日，湖のシジミの放流と生育状態の定期調査を行いました．調査によると，初回の放流から約8か月が経過し，9割が生存しているという結果がもたらされました．汚染のため，一時は全滅にまで追い込まれたシジミも，湖内では成長できることが確認されたのです．

生育実験は，シジミによる湖の浄化が狙いです．NPOが生育実

表4.1 湖沼水質ワースト5

年平均COD値（mg/L）各年度4月～翌3月

2001年度

順位	名称（所在県）	COD値
1	佐鳴湖(静岡県)	12.0
2	手賀沼(千葉県)	11.0
3	印旛沼(千葉県)	9.5
4	春採湖(北海道)	9.2
5	伊豆沼(宮城県)	8.8
5	八郎湖(秋田県)	8.8
5	油ケ淵(愛知県)	8.8

2002年度

順位	名称（所在県）	COD値
1	佐鳴湖(静岡県)	11.0
2	印旛沼(千葉県)	9.1
3	長　沼(宮城県)	9.0
4	児島湖(岡山県)	8.9
5	春採湖(北海道)	8.7

験に取り組んでいるのは7地点で，都田川河口のヤマトシジミを導入し，どの水域が最も生育に適しているかを調査しています．今回の調査結果で，塩分濃度が比較的濃く，水の交換が大きい新川放水路の入り口付近でシジミが成長し，重量が増えていることが判明しました．

シジミは，環境のバロメーターといわれています．湖をきれいにしてくれるシジミが生育し，人間が安心して食べることのできる佐鳴湖となってほしいとNPOをはじめとし，地元の人たちは，シジミの生育に大きな期待を寄せています．

シジミが無事生育し，繁殖することができたときこそ，佐鳴湖が湖沼水質ワースト1位を返上するときなのです．

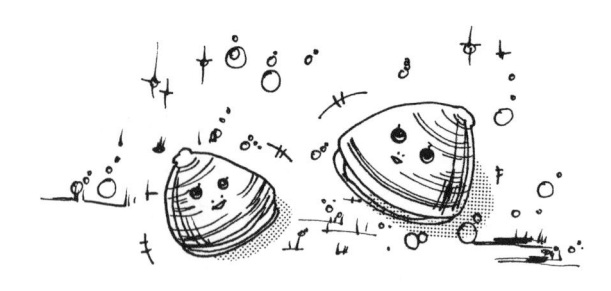

シジミたちの歌声が聞こえてきます

「野菜いかだ」による印旛沼の水質浄化作戦

印旛沼の水質は，かつて，手賀沼に次いで，全国ワースト2位でした．富栄養化のため，植物プランクトンが異常発生しました．その結果，生態系は大きく狂い，悪循環の末，「生物の死滅した沼」になる恐れがありました．そこで，子供たちが泳げるきれいな沼を取り戻そうと，市民のボランティア活動組織として，「印旛沼野菜いかだの会」が，2000年5月に結成されました．その後，広く一般市民に呼びかけ，会員を募り資金を集め，水耕栽培の原理を用いて，水質浄化に取り組み始めました．

活動を始めてから4年，会員の創意工夫で特許をとった独特の一台四畳半などの野菜栽培用いかだ，110台が，印旛沼への農業用水路に浮かんでいます．水の汚染は，富栄養化が原因であり，その原因物質は，窒素，リンとされています．

いかだでは，中華料理などによく使われています「空心菜」が栽培されており，その根（非常に大きくなり，1 m くらいになる）は，水中のたくさんの窒素やリンを吸収するといわれています．また，根の周りには水生生物がすむため，それらの協力もあって，水の浄

化が進むという仕組みなのです.

　空心菜は，窒素，リンを栄養分として吸収するので，ぐんぐんと育っていきます．名前の示すとおり，本当に中が空洞になっています．非常に簡単に栽培ができて好都合なのですが，寒さには弱いので，冬場には水の浄化はしなくなってしまいます．

図4.2　水質浄化する空心菜の栽培風景（印旛沼）

　春から気温の高い10月下旬までは，空心菜を中心に栽培し，水質浄化及び収穫とも好成績とのことです．

　水質検査の結果，水温・pH・COD・透明度・溶存酸素・窒素・リン・硝酸態窒素等から見て，はっきりした数字的判断は明確ではないとしながらも，アオコが吸い寄せられヘドロが減少する状況と，水質の汚染の度合いを生物の種類（サワガニ，カワニナ，イトミミズなど）を指標として判定する生物指標による水質改善は良好でした．

　空心菜の安全性についても，残留性農薬・細菌類・有害重金属等の検査をしたところ，異常はありませんでした．

　空心菜の，白い太い根から，超微小の酸素が発生し，溶存酸素を高め，好気性生物群（空気中ないしは酸素の存在下で発育する生物）

の食物連鎖が活発になり，いかだの下にはエビ・メダカ・ドジョウ・フナ・コイ，その他たくさんの水生昆虫が確認され，生態系が確立した水質に改善されたのです．

今では，空心菜を栽培しているいかだ周辺の水質がとてもきれいになり，アオコの発生も異臭もなくなったそうです．

野菜を栽培しながら，汚染された沼を浄化しようというのは，一石二鳥の狙いですが，同会としては，まだまだ悩みがあるようです．長い目で見た大きな問題としては，人手と資金不足，日常的な問題としては，栽培している空心菜が野鳥に食べられないように注意することなどが挙げられています．

それにもめげず同会では，将来に対する希望がふくらんでいます．一日も早く，印旛沼の水面にいかだを並べ，沼全体をきれいにしたいというのです．透明度ゼロに近かった印旛沼の用水路がよみがえり，弾みがついたのです．

「昔のように水のきれいな沼にしたい」，これは地元の人たちのみならず，日本国民すべての願いなのです．

なお，印旛野菜いかだの会は，2000年10月17日，特定非営利活動法人に認証されました．

宮城県長沼にも「野菜いかだ」が浮かぶ

宮城県登米郡迫町には，中央部を流れる迫川があります．鳥の飛来地として有名な周囲20kmの伊豆沼及び内沼があり，また，周囲24kmの県下最大の長沼が存在します．

湖沼や川の状況は，1955年以降，急激な生活様式の変化等により，富栄養化が進み，水質が悪化しました．水質悪化の原因となる窒素やリンは，植物の生育には不可欠であり，水質悪化の菌物を積

極的に利用した野菜の栽培方法を探求しました．その結果，ここでも水の中の養分を吸収させて，沼の外に持ち出すことができる植物として，「空心菜」に着目しました．

2001年から，地元の漁協組合員やボランティアなど47人で，「長沼野菜いかだの会」が組織されました．

2001年6月9日，10日の両日にわたって，浦立戸の旧干拓地と漕艇場脇に，「印旛沼野菜いかだの会」33人の協力を得て，20台の手作りいかだが設置され，水耕栽培が始まりました．

2002年6月には，18台のいかだに約1000株の苗を植え付けました．また，同年度には，宮城の食材開発事業である「おいしい地域づくり事業」の認定を受けて，迫町園芸振興協議会が中心となり，露地栽培に試験的に取り組んでいるとのことです．

同年11月には，露地栽培での普及も兼ねて，迫町役場，同協議会，同いかだ会3団体の料理試食会が行われましたが，参加者からは「くせがない」，「いろいろな料理にも利用できる」など，好評を得たそうです．今後，同町としては，空心菜を広くPRし，自然と調和を図りながら，産地づくりに向けて活動していきたいとし，地

図4.3 空心菜の野菜いかだが浮かぶ（長沼）

域特産物としての本格的な普及に取り組んでいく意向です.

同いかだの会によれば,「長沼の空心菜は,根が1m以上に生長し,水質浄化をしながら,小魚類の魚礁にもなる」,「この野菜いかだは,長沼の新たな観光資源としても生かせるのではないか」と,自信を得たようです.

冬季の「白鳥の飛来」と夏季の「蓮の花」で有名な長沼は,ワカサギやコイなど漁獲資源も豊富ですが,近年は水質悪化に悩まされてきました.野菜いかだが,水質浄化して自然環境を守り,生き物たちがいつまでも自由に生きられる長沼であってほしいと思います.

「水環境」で手賀沼再生,水質ワースト1位返上

雨が地面に浸み込み,あるいは川や湖に流れ込んで,いつか海に至って蒸発,また雨になる……という水循環を重視した事業を,環境省が始めました.下水道整備など,一部の問題だけを解消する対症療法だけでなく,水循環全体の健康法を取り戻そう,という考え方です.つまり,自然の力に逆らわず,自然の摂理に従ってみようということです.

水循環の再生の試みは,まず国が調査を始めて以来,2000年まで27年連続で湖沼水質ワースト1位の千葉県の手賀沼で始まりました.従来,手賀沼は,我孫子市,沼南町にまたがる「日本一汚い沼」だといわれていました.その悪化した環境を,なんとかしようという試みなのです.

北千葉導水路から取った利根川の水の一部が手賀沼に入ったことで,水量が増えて汚濁が薄まり,指標となる「化学的酸素要求量」(COD)が下がった,との情報が伝えられました.2001年度にワ

ースト1位の汚名返上ができたのも、このお陰なのです。

しかし、千葉導水路の目的は、利根川の治水です。2001年9月、渇水で利根川の水量が減ったときに注水が止まり、途端にCOD値が跳ね上がりました。地元の人の、沼がよみがえったわけではない、との声も聞かれます。

リンの除去施設や沼底の浚渫、アオコの回収などの対策はとられていますが、根本的な沼の再生につながらないといわれます。そこで、環境省は2001年から、水循環の考え方で基本調査を始めました。手賀沼流域に出入りする年間の水量を調べて、「水収支」を作り、過去（1955〜1964年）と現在（1998年）を比較します。汚濁が進んだ1960年代後半に、何が変わったかを明らかにしようという考えです。

年間収支の変化は、表4.2を見ても明らかです。雨が地下に浸み込む量（地下浸透）と湧き水が大きく減少する一方で、地下に浸み込まずに流れ出る表面流出、一般家庭や工場から出る排水、地下水の汲み上げ（地下水利用）が増加しました。住宅や舗装道路が広が

表4.2 手賀沼の年間水収支の変化

単位：降水量換算したmm

	1955〜1964年	→	1998年
地下浸透	810	→	580
わき水	750	→	370
蒸　発	680	→	590
表面流出	180	→	460
地下水利用	60	→	250
排　水	60	→	140
北千葉導水からの流入	0	→	550

って，雨が地中に浸み込まなくなり，保水の役割を果たしていた村も減ったためなのです．

これをもとに，「自然の水循環の復活」を目指す施策を，環境省はまとめました．中心は，
- 新規開発住宅地に，「雨水浸透マス設備」を義務付ける．
- 道路を，「浸水性舗装」にする．
- 田には，冬季や休耕中も，水を張る．

といった，雨を受け止め，地下水を蓄えるための方策です．

環境省の報告書を引き継いだ千葉県は，学者や住民たちを交えた検討委員会を構成し，「手賀沼水循環回復行動計画」を作成しました．

計画案によりますと，
① 目標として，
- 50 cm の「透明度の回復」
- かつて豊かだった「水草の復活」

などを掲げ

② 10年までに目標を達成するために
- 「雨水浸水マス」1万基増設
- 「透水性舗装面積」の倍増
- 「下水普及率」の7ポイント引上げ

などが必要と試算しています。

なお，2003年春から，本案は実施に向かっています．

手賀沼の水質浄化には，長い間いろいろと手を尽くしてきましたが，今まではCOD値という物差ししか使わず，水循環や「生き物たちの視点」を欠いていた，といわれます．ようやく，本来の水循環対策が始まりました．ぜひ，成功してほしいと期待しています．

水質が多少改善された手賀沼は悪臭もなくなり，水辺ではカモが

羽を休めています．しかし，一度途絶えた動植物たちは，まだ戻っていません．手賀沼再生の道は，まだこれからのようです．

表4.3にあるとおり，過去12年間のCOD値は，1995年度の25 mg/Lをピークとして徐々に向上しています．とはいえ，2002年度〜2003年度で，いまだ環境省が定める環境基準5 mg/Lに達しておらず，2倍弱もあるので，油断をしていると逆戻りすることもあり得ます．これに満足することなく，更なる努力が必要と考えます．

環境省はこのほど，2002年度の湖沼，河川などの水質調査結果を発表しました．2001年度に水質汚濁が全国ワースト2位だった手賀沼は，先に述べました導水事業の効果などで大幅に水質を改善して，ワースト9位になりました．2001年度に水質汚濁を示すCOD値が，1L当たり11 mgでワースト2位だったのが今回，8.2 mgと改善されワースト9位になったのです．大きな進歩といえるでしょう．

一方で，水質改善が遅れている印旛沼は，ワースト3位からワースト2位になりました．印旛沼は今回，9.1 mgで，前回の9.5 mgからやや改善されましたが，大きな進歩は見られませんでした．県環境生活部によると，今のところ，印旛沼の導水事情は，残念ながら計画されていないということです．同じ千葉県に存在する湖沼として，何か打つ手を考えてほしいものです．

改善が一段と進んだ手賀沼は，これからの飛躍も期待できそうです．2003年1月のCOD値は，表4.4によると，環境基準5 mg/L範囲内の4.3 mg/Lまで下がっています．これは，過去4年間で最低の値であり，この値を見る限り，これからも十分期待が持てます．千葉導水事業をはじめとし，さまざまな努力の賜と思われます．昔のように手賀沼のきれいな水で泳げたらという子供たちの希望も，ひょっとしたら実現することができるかもしれません．

表 4.3 手賀沼の年間平均COD値（mg/L）の推移

年　度	1991	1992	1993	1994	1995	1996	1997	1998	1999	2000	2001	2002
COD値	16	17	18	21	25	24	23	19	18	14	11	8.2

表 4.4 手賀沼の月間平均COD値（mg/L）の推移

月	年　度				
	1999	2000	2001	2002	2003
4	15	22	12	10	7.9
5	18	17	13	10	9.1
6	18	14	11	9.3	8.7
7	22	9	12	8.6	8.4
8	20	11	18	10	8.9
9	25	15	20	12	9.4
10	22	14	13	11	6.6
11	13	10	7	5.8	7.0
12	16	12	9	5.5	3.8
1	14	11	7	4.3	9.5
2	19	14	8	6.0	12.0
3	21	16	11	6.7	9.8
年平均	18	14	11	8.2	8.4

海，河川，湖沼を汚すのは生活排水

関係行政機関並びに流域住民の固い絆によって，更なる水質浄化に邁進されることを，心より願ってやみません．

海，河川，湖沼を汚すのは生活排水

海，河川，湖沼などを汚染するのは，工業排水と思っている人が，案外と多いようです．しかし，その自然を汚す犯人は生活排水なのです．その比率は，生活排水70%，工業排水30%といわれています．

工業排水の排出を少しでも抑制することはもちろんですが，汚染原因の大部分である生活排水をセーブすることが，環境浄化につながる早道なのです．

では，生活排水の中，われわれが日常最も接することが多い家庭排水を，少しでも排出しないようにするには，どうしたらよいのでしょうか．

家庭雑排水の大半は，「台所（炊事）排水」で57%，次いで「風呂・トイレ排水」30%，「洗濯排水」13%といわれています．「台

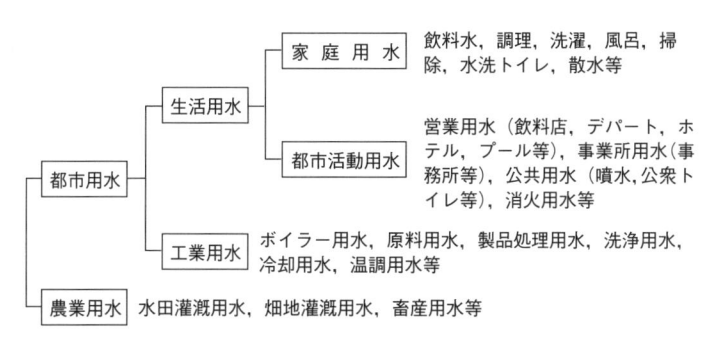

```
                     ┌─ 家 庭 用 水 ── 飲料水，調理，洗濯，風呂，掃
                     │                 除，水洗トイレ，散水等
          ┌─ 生活用水 ┤
          │          │                 営業用水（飲食店，デパート，ホ
          │          │                 テル，プール等），事業所用水（事
          │          └─ 都市活動用水 ── 務所等），公共用水（噴水，公衆トイ
都市用水 ──┤                             レ等），消火用水等
          │
          │                            ボイラー用水，原料用水，製品処理用水，洗浄用水，
          └─ 工 業 用 水 ──             冷却用水，温調用水等

農業用水 ── 水田灌漑用水，畑地灌漑用水，畜産用水等
```

図 4.4 水使用形態の区分

所（炊事）排水」のうちで，最大のものは「研ぎ汁」という調査結果が出ています．

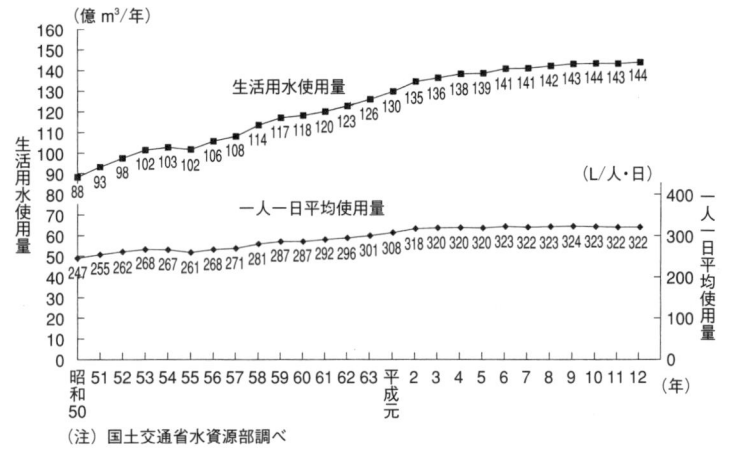

図4.5 生活用水使用量の推移（有効水量ベース）
（注）国土交通省水資源部調べ

研ぎ汁には，リンや窒素などの栄養分が含まれています．台所（炊事）排水の中で，最もウエイトが高い米の研ぎ汁は，BOD値が約44％，窒素は67％，そしてリンは約96％も占めているとのことです．これらの汚染物は，下水処理施設では処理しきれないのです．したがって，水道水の嫌な臭いや赤潮，アオコなどの発生原因になってしまうのです．

ちょっとした不注意が，河川を汚染し，河川を「死の川」，ドブ川にしてしまうのです．

一方，環境白書の「BOD割合」から見ると，生活排水のうち，「台所からの負荷」が約40％，「し尿」が30％，「風呂」が20％，「洗濯」が10％となっています．

1日1人当たり,どのくらいの有機物質を出しているかになると,43 gになるといわれます.したがって,この43 gを減らしていくことが先決です.

いずれにせよ,米の研ぎ汁をはじめとし,油かす,合成洗剤などを,何の手立てもせずに野放図にたれ流すことは,厳に慎まなければなりません.

排水(有機物質)を少しでも少なくする方法としては
① 排水口のネットの清掃
② 使用済みの油を流さないで,固めて廃棄
③ 米の研ぎ汁は直接流さず,植木の肥料に使用
④ 環境にやさしい無リン合成洗剤の使用
⑤ 残り湯を洗濯水に再利用
⑥ 洗濯のすすぎ水の節水
などがあります.

家庭で,職場で,各人が考えて,排水の漸減に努めることが肝要です.

ちなみに,図4.6によりますと,生活排水がいかに,海,河川,湖沼などを汚染しているかが分かります.魚が住める水質(BOD: 5 mg/L)にするために,必要な水の量は膨大なものです.ちょっと気を配るだけでも,汚染を減少させることができるのです.

わが家の「家庭排水の排出規制」

「水」について,ことのほか関心を持ち愛着を持っているわが家では,「家庭排水」の排出に気をつかっています.少しでも排出をなくそうと家族全員で排出をセーブしています.その「排出規制」の内容を紹介しましょう.

水に流すもの	捨てる量（ml）	魚が住める水質（BOD: 5 mg/L）にするために必要な水の量は，風呂おけ（300 L）に何杯分
しょう油	大さじ1杯　15 ml	1.7 杯
米の研ぎ汁	米（3カップ）のとぎ汁全部 3000 ml	2.9 杯
みそ汁	お椀1杯　200 ml	2.5 杯
マヨネーズ	大さじ1杯　15 ml	13 杯
牛乳	コップ1杯　180 ml	13 杯
ジュース	コップ1杯　180 ml	10 杯
缶コーヒー	コップ1杯　180 ml	6.4 杯
日本酒	お銚子1本　180 ml	19 杯
ビール	コップ1杯　180 ml	8.6 杯
天ぷら油	使った油　500 ml	560 杯*
シャンプー	1回分　6 ml	1.6 杯

東京都環境局調べ．ただし，*は国立環境研究所資料

図4.6 もしこれだけのものを流したら？

① お風呂の排水を減らすために，厳冬を除いて浴槽には水を張りません．シャワーのみを使用し，石けんで洗った後，身体の汚れを流し落とします．
② 石けんで身体を洗っている最中は，シャワーを止めて絶対に水を流し放しにしません．
③ 食用油は，何回もこして使います．使えなくなっても，そのまま直接，水に流すことはしません．固めて捨てることにしています．

水がきれいな証拠，「サケの遡上，産卵」

秋が訪れると，サケの季節です．盛岡市の中心部を流れる中津川にサケが遡上します．30万都市では珍しい現象です．「水がきれいな証拠」といわれ，市民の誇りになっています．

ピークは10月で，浅瀬のあちこちで，サケの群れを目にすることができます．川床に産卵するため，メスは体を横倒しにして尾びれで川床を掘ります．オスが終始つきまとって，別のオスが近づいてくるのを防ぎます．オスが近づいてくると，鼻でつついて追い払ったり，かみついたりするのです．

サケは，4〜5年前，中津川で誕生し，市内で合流する北上川を200 kmも下り，海に出たのです．北太平洋を回遊して戻り，産卵を終わると間もなく死にます．白くなった無数の死骸が，川を染めるように横たわる有様は，生命のはかなさを感じさせます．

地元では，このサケを「野サケ」と呼びます．漁業として放流し

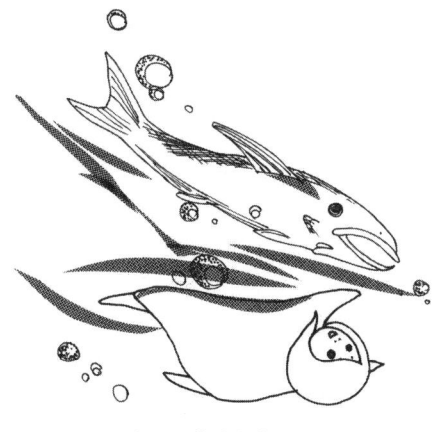

サケって意外と速いのね

たわけではなく，自然産卵で生まれ育ったから，そう呼ぶのだそうです．川底の湧水のある場所に産卵するといわれていますので，野サケにとっては，湧水の存在が何よりも重要なのです．

野サケとは別に，中津川でも放流があります．沿岸部の川の稚魚を使用します．サケは，別の川に移しても，元の川の回帰時期を守る性質があり，中津川に戻る親はまれで，産卵しても次世代は続かないといわれています．

したがって，湧水による野サケの自然産卵は，今や地元にとっては，大変な関心事となっています．

井戸水にヒ素

私たちが毎日口にしている水は，本当に安全なのでしょうか．こういわれている昨今，井戸水が原因の健康被害が発生し，身近な水の安全が揺らいでいるといわれています．時あたかも2003年は国際淡水年です．この機会に，私たちが飲んでいる水について，改めて考えてみる必要があると思います．

2003年3月，茨城県神栖町木崎地区の井戸から，環境基準のなんと450倍のヒ素が検出されました．その周辺の井戸からも基準の数十倍のヒ素が検出されました．住民たちは，この水を飲んでいたのです．

有機でなく無機ヒ素が井戸に混入し，環境基準（1L当たり1 mg）を超えることはときどきあります．これは，地層に含まれる海草や貝などの堆積物が原因で，この水を継続して摂取すると，肝機能障害，知覚まひなどを起こすといわれています．

水道法や省令で定められた浄水の検査項目は計46項目あり，水道事業者が上水道として供給する場合，全項目を年1回検査します．

健康に関連する項目（29項目）として一般細菌，カドミウム，水銀，鉛，ヒ素，トリクロロエチレンなど，水道水として適当な性状を担保するための項目（17項目）として鉄，マンガン，味，におい，色，濁度などがあります．一方，水質基準のうち検査の省略が禁止されている項目が「一般項目」と呼ばれ，水道事業者が実施する月1回の検査や飲用井戸の調査で多く使われます．急性の健康被害の原因となる一般細菌，大腸菌群，硝酸性窒素，味，においなど10項目がこれに当たります．

ただ，ヒ素は浄水の検査項目（46項目）には入っていますが，検査の省略が認められていない一般項目（10項目）には入っていません．ウイルスや細菌のように健康を損なうものではないからとのことです．

水道法によると，使用者が100人以下の井戸水を対象とはしていません．個人的に使用する井戸水は，山で湧き水を飲むのと一緒で，「自己責任が原則」とされているためです．

ただし，厚生労働省は，1987年に飲用井戸の「衛生対策要領」をまとめました．その中で，井戸の設置者や使用者に対して，「使用開始前には，水道法に準じた水道検査を実施する」，「1年以内ごとに定期検査を実施する」などの基準を挙げ，「小さな井戸といってもチェックは必要」と呼びかけています．

同省によると，2001年度，自主的に検査を受けた飲用井戸は約85 000本，うち一般項目だけでも基準を超えているのは，58％に上るといいます．この数字だけ見ても，恐ろしい現象です．

自治体や保健所は，これらの井戸の使用禁止や浄水器の設置をすすめました．

しかし，検査を受けたのは，全体の一握り，氷山の一角にすぎません．「ヒ素なんて，言葉にしたのは生まれて初めてだし，井戸を

検査しなければならないなんて知らなかった」と地元に住む主婦は，事もなげに語ります．

　この言葉に象徴されるように，ヒ素の危険性を知らない人たちは，あまりにも多いのです．

　旧日本軍が製造した毒ガス弾「くしゃみ剤」が分解してできるヒ素化合物と同じ組成のものを含んでいる井戸水を飲んでいた現状は，悲惨です．行政の指導のもとに，1年以内ごとの定期検査を受けるべきではないでしょうか．

　2003年に熊本県宇土市が実施した井戸水の水質検査では，これまで，井戸の1割以上から環境基準を超えるヒ素が検出されました．地元の人々は，「井戸水は安心だと思っていた．まさかヒ素が混ざっていたとは」と驚きを顕わにしています．

　これをうけ，宇土市は，2003年6〜7月，住民説明会を開催しました．市側は当初，「井戸水の管理は行政に責任はなく，個人がやるのが原則」と説明しましたが，住民たちの反対の声も考慮し，同市は同年7月，ヒ素を除去する浄水器の購入費用への補助を決めました．今後5年以内に，希望者全員に上水道を供給できるよう整備を進める方針だ，と聞いています．

　「井戸水は自己責任で」という現行制度が，行政責任を求める住民に大きな壁となったのは事実です．しかし一方では，飲み水の安全に対して，行政の責任を求める声の多いのも事実なのです．

　今後，どのように進めていくべきかは，難しい面が多々ありますが，行政の指導だけに頼らず，「自らの安全は，自らで守る」細心さが，肝要ではないのでしょうか．

　厚生労働省は2003年6月，全国の自治体に「水質検査の徹底」と，「井戸水利用の実態」を調査するよう通知を出しました．また，これまで一般項目中心だった全国の飲用井戸の調査で，ヒ素をはじ

め，フッ素，水銀，鉛など，検出される割合が高い項目も新たに加える方針を固めたようです．

なお，神栖町では，ヒ素による健康被害が多発したことにより，全体的に幅を広げた水質検査も実施されています．また，井戸を利用することを禁止し，水道水に切り換えるよう指導しています．

5 工業生産を支える水

日本の工業用水

工業用水は,日本の経済成長に呼応し,まさに産業の血液として今日の産業活動に重要な役割を果たしています.工業用水の総使用量(淡水使用量)は,ほぼ横ばいで推移していますが,従来からの主要な用途であるボイラー用,原料用,製品処理用・洗浄用,冷却用,温調用等,IC産業やファインケミカルズ(医薬品)産業の先端産業において,より高品質の水が要求されるなど,新たな水需要が台頭してきたのです.

淡水使用量とは,工業用水のうち,海水を除いた河川水,地下水,回収水等の全体の使用量のことです.

業種別のシェアをみると,化学工業,鉄鋼業及びパルプ・紙・紙加工品製造業の3業種(用水多消費3業種)で全体の70%を占めています.そのため,この3業種の淡水使用量の動向は,全業種合計の淡水使用量の動きに大きく影響します.

工業用水の使用量とその回収率

2000年の工業用水の使用量は,555億m^3/年といわれます.ただし,工業用水においては,一度使用した水を再利用する回収利用(回収率)が進んでいますので,淡水補給量の取水量ベース(従業員4人以上の事業所について)では,約134億m^3/年(水使用比率

(億 m³/年)

年	合計	農業用水	都市用水(生活用水+工業用水)	工業用水	生活用水
昭和50	850	570	280	166	114
51	858	570	288	165	123
52	857	570	287	162	126
53	854	570	284	156	128
54	853	570	283	153	130
55	860	580	280	152	128
56	861	580	281	148	133
57	860	580	280	145	134
58	870	585	285	145	140
59	870	585	286	144	142
60	870	585	287	144	143
61	873	585	288	144	144
62	886	585	291	141	146
63	883	585	296	142	149
平成元	889	586	303	142	153
2	894	586	307	144	158
3	894	586	308	145	159
4	891	586	305	148	161
5	889	586	304	147	161
6	891	587	303	144	163
7	891	585	303	140	163
8	891	590	303	138	164
9	887	589	301	138	165
10	878	586	298	137	164
11	879	579	298	135	164
12	870	572	297	134	164

(注) 1. 国土交通省水資源部の推計による取水量ベースの値である.
2. 工業用水は淡水補給量である.ただし,公益事業において使用された水は含まない.
3. 生活用水,工業用水は推計方法の変更を行ったため,「平成10年版日本の水資源」までの数字とは異なっている.
4. 農業用水については,昭和56〜57年値は55年の推計値を,59〜63年値は58年の推計値を,平成2〜5年値は元年の推計値を用いている.また,平成7年より推計方法の変更を行った.
5. 四捨五入の関係で合計が合わないことがある.

図5.1 全国の水使用量

15.4%)といわれています.なお,淡水補給量とは,河川水や地下水などから新たに取水した量で,用水多消費3業種で60%のシェアを占めています.端的にいえば,淡水使用量から回収水量を引いたものです.また,取水量ベースとは,水量について言及する場合に,河川水,地下水等の水源から取水された段階の水量で表現することです(なお,ここでいう工業用水には,電力,ガス,公益事業において使用された水は含まれていません.また,上水道から工業用として供給される水を含みます.ただし,この量は,全供給量の約1割程度です).

工業活動に伴う工業用水の使用動向(有効水量ベース,従業員30人以上の事業所)は,淡水使用量については,昭和50年代前半

図5.2 工業用水使用量等の推移

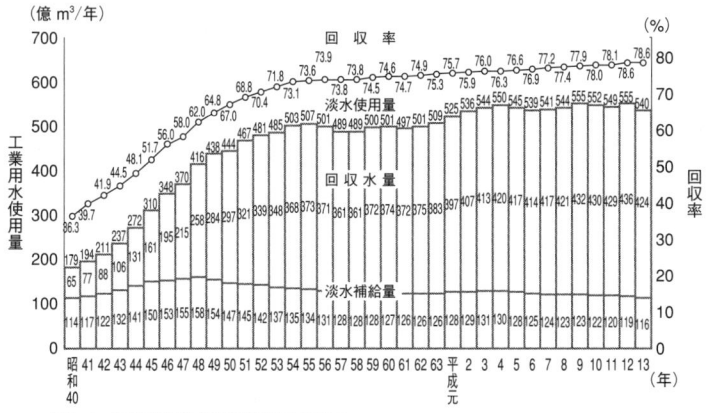

(注) 1. 経済産業省「工業統計表」による．
2. 従業員30人以上の事業所についての数値である．
3. 公益事業において使用された水量等は含まない．
4. 工業統計表では，日量で公表されているため，日量に365を乗じたものを年量とした．

までは着実に増加してきましたが，昭和50年代後半に入り，産業構造の変化等により，横ばい傾向で推移しています．昭和62年以降は，工業出荷額の増減に伴い，水使用量も変動しています．

有効水量ベースとは，水量について言及する場合に，水道による給水のうち，漏水等によるロスを除いて，需要者において有効に受け取った段階の水量で表現することです．

回収率は，昭和40年代に大幅に向上しましたが，昭和50年代中ころから頭打ちが見られ，その後は微増を継続しています．平成12年は78.6%と前年に比べ0.5%上昇しています．

回収率の現況を見ると，水の有効利用のほか，環境上の排水規制への対応という観点からも，向上してきているということです．

しかしながら，全企業平均の回収率は，昭和50年代中ころから上昇傾向に頭打ちが見られています．なお一層の努力が必要と思われます．

なお，回収率とは，淡水使用量に対する回収水の割合です．用水多消費3業種の推移を見ると，化学工業及び鉄鋼業は80～90%程度の高い値を維持しています．これに対し，パルプ・紙・紙加工品製造業は，昭和50年代後半以降，40%程度ではありますが，増加傾向で推移しています．

回収率を地域別に見ると，関東臨海，近畿臨海，山陽及び北九州において高く，80%を超える水準で推移しています．その他の地域でも上昇傾向で推移しているのに対して，東北は低下傾向でしたが，近年では横ばいで推移しています．

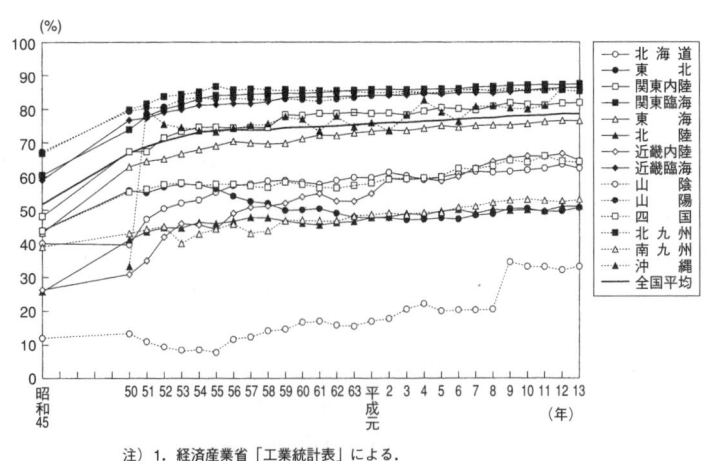

注）1．経済産業省「工業統計表」による．
　　2．従業者30人以上の事業所についての数値である．

図5.3　地域別回収率の推移

日本工業用水の使われ方は多岐

　工業用水の用途は前述のとおりですが，一般的にはあまり知られていない使用方法もあります．その一端をご紹介しましょう．

　産業を支え，実りを支え，幾多の歴史を越えてきた静岡県の柿田川の水は工業用水にも多く使用されています．1日の取水量33万tのうち約30%の10.8万tを占めています．いかに工業用水が，この地域にとって大切かが分かります．

　さらに興味深いのは，その工業用水の1日の取水量の0.14%に当たる150 tが，新幹線の洗浄に使われているのです．東海旅客鉄道株式会社三島車両所で，1日を走り終わった電車は点検後，柿田川工業用水の水を使って洗浄されています．

　工業用水は工場用水ということで，工場のみ使用していると思われがちですが，いろいろなところで役立っているのです．

図5.4　新幹線・電車の洗浄
（三島車両所）

6 都市開発と水の存在

環境の改善に笑う生き物たち

大阪の淀川では，多数のアユの遡上が確認されました．国土交通省近畿地方整備局が調査したところ，2003年4月上旬からの約1か月間で，推定なんと64 000匹以上の通過があったということです．同年5月3日には，1日だけで25 000匹が揚がったといわれています．淀川では，近年，工場排水の規制強化や下水道整備で生活排水の流入が減少し，水質の改善が進んでいるとのことです．「清流の女王」は，大阪の都会の川に，果たして定住したのでしょうか．それが，本当なら朗報なのですが……．

湧水で湿った泥や枯れ葉に身を潜めるサワガニ

塩分を含まない淡水にいるカニは，産卵のために塩分を多く含んでいる鹹水(かんすい)である海に行きますが，サワガニは行きません．移動をしないために，今住んでいる湧水が枯れたり，開発されたりしますと，絶えてしまいます．

河川の上流なら，どこにでもいるようなカニです．かつては，東京でも，もっと多くのところにいました．

普段は，湧水で湿った泥や枯れ葉などに身を潜めているサワガニですが，世田谷区では，2003年8月上旬までに，7か所で見つかっています．こんなに近くに，サワガニがいるなんて知らなかった，東京にもきれいな水があるんだ，と地元の子供たちは手放しで喜んでいますが，サワガニにとっては，まさに住宅街の湧水が生命線で

「サワガニ」見つけたよ

す．東京都が「国分寺崖線」の湧水地に集まる降水の範囲を調査したところ，三鷹市の野川公園湧水は0.9 km×2 km，国分寺の姿見の湧水は0.16 km×1.5 kmしかなかったとのことです．一つの開発工事が，大きな影響を及ぼすのです．

国分寺は，湧水近くにマンションを計画している業者と話し合い，13階程度のビルを建てられる場所なのに，8階建てに抑えてもらったといいます．建物の基礎が浅くて済みますし，地下水に当たらないからです．地域住民は，さらに低くするように求めています．開発が先行するというわが国にあって，珍しいことですが，話合いを持てば，環境を破壊せずにすむ場合もあるのです．

環境の悪化に泣く生き物たち

開発につぐ開発で，環境はますます悪化の一途をたどっています．いま，生き物たちは，嘆き，苦しんでいます．では，環境悪化に見る生き物たちの実態を見てみましょう．

すみかを奪われるメダカ

 メダカは,流れが緩やかで,浅いところが好きといわれ,住めるところがあれば,戻ってくるといわれています.河川が,ただ水を捨てるだけの場所になり,真っすぐな水路にしただけでは,到底暮らせないのです.

 北区の荒川河川敷にある水路にメダカがいると聞いて,見に行きました.河川敷にある野球場の隅に素掘りの狭い水路がありましたが,水は淀み,流れません.1～2 cm くらいの小さなメダカの影をいくつか目にしましたが,このままでは淀みに負けて死んでしまうのではないでしょうか.

 地元の人に聞くと,河川敷は1～2年に1回,大雨で冠水し,このときにメダカが水路に残されるのだそうで,そのまま生きているのだといいます.晴天が続くと,水路が干上がり,メダカは死にますが,次の増水で別のメダカがやってくる.この繰返しがこの水路では行われているとのことですが,総体的に見れば,メダカの数は歴然と減っているのです.

 昔は,このような水路だけでなく,水田の用水路にもメダカは群れていましたが,最近はいるところさえ見当たりません.それはなぜでしょうか.最近の水田の用水路の多くは,コンクリートでつくられているので,草は生えませんし,流れは急です.卵を産み付けようにも,水草はありません.水田から一気に水を抜くため,深く掘り下げるので,メダカは行き来さえもできないのです.冬は,用水路から水を抜くと聞きます.

 神奈川県小田原市桑原の水田では,幅約2 m の素掘りの用水路があり,岸辺には草がはえ,水流が弱まったところに,メダカが群れています.両脇の水田へも,細い連絡水路も通って,無数に入り込んでおり,餌のプランクトンが豊富なので,メダカも居心地がい

メダカと一緒に泳ごうよ

いのでしょう．ここは，神奈川で唯一，地域固有の遺伝子が守られた場所ですが，県道の計画があり，ここにも消滅の危機が迫っています．

メダカは，童謡などで昔から日本人に親しまれてきましたが，今は全国的に減少し，環境省も絶滅の危険がある種にしています．この先，メダカの運命はどうなっていくのでしょうか．環境保護が求められています．

治水工事がかえってアユの逃げ場をなくす

アユは，その名を「香魚」といわれています．手に取ると，スイカのような甘い香りが鼻をくすぐります．アユの成魚は，秋に下流に向かい，浅瀬に卵を産み，1年間の短い生涯を終えることから，「年魚」ともいいます．古くから，日本人に親しまれ，愛されてきた魚です．

そんなアユが，ドブ川のような暗いイメージの神田川に戻ってきたのです．このニュースは，大きな反響を呼びました．1993年には，東京都水産試験場が，捕獲に成功しました．テレビ局のダイバーが群れをなして泳ぐアユの姿を撮影し，清流の復活を印象づけました．稚アユを育む東京湾が清浄化され，アユそのものが増えました．神田川も，下水処理場が高度の処理技術を導入したのです．

　しかし，雨が降りしきる神田川は，コーヒー色の無気味な水が淀みなく両岸のコンクリートの壁を洗い，水深はいつもの2倍になります．都市を水害から守る治水工事が，かえって，魚の逃げ場をなくします．これでは，せっかくのアユも，一気に流される運命です．春先に，稚アユは数多く目に触れても，秋口まで残っているのは，ほんの少しだけだそうです．10年ほど前には，コケが付いた石を縄張りにして泳ぐ，大きなアユの姿もあったのです．しかしながら，大雨が降ると川床は大きく変わり，こうした光景は見られなくなります．

　ここ数年，東京などの都市で，記録的な集中豪雨が起きるようになりました．土の露出が極端に少ない地表は，雨水を一気に運び生き物たちを脅かします．これも，開発工事が招いたツケなのです．

　神田川のアユを調査してきた東京都水産試験場の職員は，「神田川には，稚魚を濁流や外敵から守る水草はほとんどなく，アユばかりか，卵からかえったコイの稚魚も定着できないのが現状だろう」と語ります．確かに，2003年4月上旬，神田橋（東京都新宿区）の近くで確認され，アユは戻ってきましたが，定着の指標である「産卵」は，いまだ確認されていません．水質の改善だけでなく，都市の構造全体に目を向けなければ，アユが神田川に定着する日は来ないのではないでしょうか．

　「清流の女王」といわれるアユが，都市の川に戻り，川床につい

アユに負けずに跳びはねよう

たコケをはむ姿を，いつまでも見たいものです．安住の地を得たアユが，安心して産卵できる日は，いつのことでしょうか．

世界の水環境

フランスの水環境

フランスでは，1998年に新たに制定された水法により，「水は国民の遺産の一部」とされています．

この国では，水に関しては行政組織の構成・計画の策定・実施等が「流域委員会」による流域単位で実施されているといわれています．そのせいなのでしょうか．南仏のリゾート地として知られるニース，その上をいく高級リゾート地として有名なフランスに隣接するモナコのそれぞれの海は，名に恥じない美しい水を湛え，旧港と

世界の水環境 83

図6.1 美しい「モナコの海」

して知名度の高いマルセイユ，印象派の画家たちに愛された美しい港町オンフルール，船乗りの町と伝えられるサンマロの海も，美しい色彩と輝きで迎えてくれます．

　特筆すべきは，ローヌ川流域には延々と続くマルセイユ工業地帯があり，石油タンクが点在するのですが，川の水は清く，これが工業地帯かと驚嘆します．

　また，ローヌ川とソーヌ川の合流地点にあるリヨンは工場が多く，ここもまた石油タンクがあるものの，川の水は全く汚染されておらず，青く清く輝きを放っています．

　フランスの海，河川は，どうしてこんなにきれいなのでしょうか．ごみひとつなく，どうしてこんなに汚染されていないのでしょうか．その理由は，フランスでは，定期的に「ゴミ回収船」が就航し，自然保護地区はもちろんのこと，流域の隅々まで汚染物質をくまなく取り除いてくれるのです．これも，流域ごとにきちんと管理されているせいかもしれません．企業にしろ，一般家庭にしろ，極力排水

を出さないように心掛けているからできることなのでしょう.

フランスにおいて,「人間の飲用に適する飲料水」には,「水道水」,「井戸水」,「ボトル詰めの飲料水」の三つのものがあります. 各飲料水とも, 厳しい品質基準の管理が義務付けられています.

一方, この3種の飲料水の中で, ボトル詰めの飲料水を代表する「天然ミネラルウォーター」と「泉源水」に関しては, 衛生面以外の許可基準が設けられています. フランスのミネラルウォーター（以下, 天然ミネラルウォーターと, 泉源水を併せたものとして用います）は, 正確には天然○○と表記されているように, 源泉の水に殺菌, 消毒など, 科学的処理を施すことは一切禁止されています. したがって, メーカー及び公的機関の品質検査は厳しく, 検査頻度も多いのです.

どちらも, ミネラル成分を含有する泉源水と天然ミネラルウォーターの大きな違いとしては, 泉源水は許認可が県の担当機関であり, ミネラルの表示が禁止されています. これに対し, 天然ミネラルウォーターは国が認可し, その認定条件の一つとして, 水に含まれる成分が人間の健康に何らかの効果があることを, 国立医学アカデミーによって認められなければならないのです. したがって, 一般的に天然ミネラルウォーターの方が, ミネラル分が豊富であるとのことです.

フランスの国立統計経済研究所（INSEE）によると, ミネラルウォーターの1人当たりの年間の消費量は大幅に増加しています. 1970年に39.9 L, 1980年に47.4 L, そして1995年には, 108.2 Lとなっています. この消費量が大きく拡大した理由は, 水道水の品質低下が人体に直接影響を与えるほど, 深刻であったからだといわれますが, 水法が流域単位で管理されているフランスでさえ, 今もなおその懸念は国民の間では持たれているとのことです. 水道水の

場合，その水源のほとんどが河川（後は地下水）に頼っていますので，長年にわたる汚染に対しては，厳しい判断を下しているのではないかと思います．2003年に訪れたときのフランスの河川，湖沼は，この水法によってかなり浄化されていると感じましたが，フランス国民の一人一人には，過去の水に対するしこりが残っているのでしょうか．

そうしたフランスの状況の中，2003年3月16日から23日まで，京都，滋賀，大阪で「世界水フォーラム」が開催されました．そこでは，「フランスの水法」が話題にのぼり，大いに関心を集めたと報道されています．

また，2003年6月1〜3日まで，フランスのエビアン（アルプスの麓，レマン湖のリゾート地，ミネラルウォーター「エビアン」の採水地として有名）で開かれたサミットは，フランスが開催地に選んだのも「水」が理由です．フランスのシラク大統領は「2015年までに，世界で飲料水，浄水化に困る人たちを半減させる．サミットで連帯を示す」と意気込みました．エビアン開催は，フランスのアフリカ支援の思いが反映しています．

フランスに明け，フランスに暮れた2003年，といっても決して過言ではないでしょう．それだけ，エビアンだけでなく，数々のきれいな水を持つフランスは，世界のトップをきって，全世界の水を安定に供給したいと考えているのです．

イタリアの水環境

イタリアでは，1933年に「統一水法典」が制定されています．最近の動向として，各州によって設置，管理されている独立機関である「最良地域区分」という地域区分ごとに，その中で，取水，利水，排水，そして再利用にいたる水循環を完結させるという「水資源管理方法」が計画されています．

図6.2 「水の都・ヴェニス」にゴンドラが行き交う

また,そうした州への水行政に関する権限委譲に伴い,複数の州の利害関係が生じる河川流域の監督機関として,「流域管理公園」が設立されます.ポー川等計6流域において同公団が設立され,流域圏における水資源施策に関する基本的プログラムの制定を実施しています.

流域ごとに,河川が管理されているせいなのでしょうか.水辺(海,河川)などには,ごみ一つ浮遊していません.

ナポリの絶景,それにフィレンツェの丘から望むアルベ川など,コバルトブルー,またあるときはエメラルドグリーンに輝く水は,太陽の光に映えて美しく,目を奪うばかりです.

水の都といわれるヴェニスは狭い水路に入るとゴンドラが行き交い,楽しい雰囲気が漂っていますが,ゴミは見受けられなかったものの,悪臭が鼻をついたのを覚えています.

香港の水環境

香港の上水道は,先進国並みといってもいいのですが,下水道処理は,著しく立ち遅れています.2004年に,汚水処理は完了する予定ですが,それまでは,実に市部の3/4がビクトリア港に垂れ流

しであるといわれています．驚くなかれ，家庭排水の70%がそのまま海に流れ，それに工業排水も加わって，環境汚染に一層拍車がかかっているとのことです．

海がどんどん埋め立てられて，貿易都市ゆえに，多数のタンカーが出入し，船底に塗られた有害物がいやおうなしに海に放たれます．

加えて，中国本土からも，下水，有害な農薬を含んだ農業汚水，産業廃棄物などが流入してきます．さらに，香港の人たちは，ゴミを平気で海に投げ捨てたりもします．そもそも，ここでは，ゴミの分別なんか全く行われていない状態です．街で見かけるようになった分別ゴミ箱にしても，なぜかビン類がなく，全く意味がありません．そうした環境下で，香港の人たちは，香港で獲れる魚を口にしません．海では泳ぎません．とても，悲しい現実です．

その，まるで墓場のような海に香港の中国返還のマスコットである野生動物の中国白イルカ（ピンク・ドルフィン）がランタオ島に生息していますが，「絶滅も時間の問題」といわれています．その要因は，赤臘角（チェクラプコク）の新空港の開発による海洋汚染の増加によるものです．島のてっぺんを吹き飛ばし，その土砂で海を埋め立てたために，イルカたちが餌場を失ってしまったのです．可愛らしいイルカを残す手立てはないのでしょうか．真剣に考えてほしいものです．

また河川は，家畜の糞尿による汚染が問題となり，市街地調整区域での養豚は禁止されています．

このように，香港では大きな問題が山積みしているため，残念ながら，日本のように生活排水が意識にのぼるまでには至っていないようです．市民たちは，「水を汚しているのは，産業（企業）」という思い込みがあるためか，処理のコストを使用者に負担させる法案

も，民主派の先導による市民たちの反対に遭い，立法化は難航しています．

香港政庁環境保護署では，海水82か所，河川86か所で，サンプルを採取しています．また，海岸の水質を検査し，年ごとに発表しています．これによると，例外はあるものの，潮の流れのせいもあり，香港の東部の海岸の方が西部よりもきれいなようです．ちなみに，現在「大変劣悪」と評価されているのは，長沙湾（チョンシャワン）の海水浴場とのことです．

しかし，進む環境汚染，遅れる対策の中で，救いなのは，ゴミ分別が義務付けられていないにもかかわらず，アルミ缶リサイクル率が，ヨーロッパ諸国よりはるかに高いことなのです．香港大学が行ったアンケートでは，なんと98.4％が「一人一人に環境を守る義務がある」と答えていることにも表れているようです．市民の環境に対する意識は，高まっているように見えます．

政府も，啓蒙的にテレビスポットを頻繁に流しています．「ビニール袋をやめて，自分の買い物袋を持って行こう」というキャンペーンでは，ビニール袋の使用量が3割も減少したという成果を納めたと聞きます．

そのような救われる面はあるものの，立ち遅れが目立つ水処理システムの確立は，どうなるのでしょうか．また，市民が気軽に捨てる癖がついているといわれるゴミ処理は，どうなっていくのでしょうか．1日23 000トンも出るゴミは，毎日回収が行われており，新界にある三つの大きな埋立場に運ばれていますが，増え続けるゴミの量のせいで，あと20年足らずで一杯になってしまうとのことです．香港の環境を考える上で，無視することのできない問題が存在しています．

もともと，「香港」という名の由来は，九龍地方で豊富に生産す

図 6.3 香港の 100 万ドルの夜景

る「香木」の積み出し港だったので，付けられたといわれ，昔は港の一帯が香木の匂いに包まれていたとのことです．今は，中国南部の大河川や沿岸地方の水上生活者で漁業や水運などに従事している蛋民（たんみん）たちのサンパン（小船）で埋まり，加えて，貿易で出入りする多くの船と相まって，見る影もありません．しかし，100万ドルの夜景には，思わず息をのみます．

台湾の水環境

台湾の水環境汚染については，1970年代から深刻化したと伝えられています．台湾では，自然環境保全，環境基準の維持，持続可能性を目標として「環境ガイドライン」を1987年に作成しました．これには，エコラベル，環境影響基準，廃棄物利用，自動車大気汚染対策費用等の施策が設定されています．台湾特有の背景として，人口密度，製造業の密度，自動車の密度率が高いことが挙げられ，環境改善のための負担は，今後もますます増加すると予想されています．

台湾では，産業廃棄物の約52%が再生可能ですが，そのうち約22.5%がリサイクルされているにすぎないといわれています．また，家庭から発生するゴミは，約50%再生可能とされていますが，鉄，アルミ，ペットボトル等8%しか再生されておらず，大きな問題と

いわれます.

この原因は,
① 台湾では,「ゴミはあくまでもゴミ」である,という誤った考え方がある.
② 産業ゴミの分別等のリサイクルシステムが,確立していない.
③ リサイクルセンターが,不足している.
④ リサイクルされた財の姿が,劣っている.
⑤ 原料の効率的使用のための技術や,クリーンプロダクション技術が,不足している.

などが挙げられています.

このため,現在は,企業が費用を負担しているリサイクルセンターにゴミを送り,リサイクルに参加した主体(団体)に補助金を出す等のシステムで,リサイクル率の向上を図っているのです.その他,LCA(Life Cycle Assessment)の普及,再生材利用の推奨,ゴミ処理ネットワークの構築,クリーンプロダクションの技術開発支援を強化,そのための財政的インセンティブの付与が必要とされています.

台湾の報道によると,台湾海洋学者の調査で,台湾西海岸はトリブチルスズ(TBT)汚染のため,2002年,貝類の雄化現象が発生していることが分かりました.トリブチルスズは有機化合物の一種で,劇物に指定されている毒性の強い物質です.防汚剤として,漁網や船底につく海藻や貝類を殺すのに有効なために使用されていますが,その塗料が溶けて海を汚染したのです.

新竹市の香山海岸で,いろいろな貝を採集した結果,30〜90%以上の雌螺(ニナ)(巻貝,カワニナ,ウミニナ,イソニナなど)に,雄化現象が現れました.彰化市の香山海岸でも,冬の雌螺も雄化しまし

た.また,台湾の淡水と海水水域で,無機スズの汚染が広がり,その結果,多種の蜷,サザエ,タニシが雄化したそうです.

新竹市と彰化市の蜷の雌雄比率は,1978年の調査では1:1であったのに対し,1990年の調査では2:1,1999年の調査では5:1となっています.

台湾の中央政府は,1987年の8月ころまでには,環境保護署を設置し,環境問題に取り組み始めました.このため,固定発生源からの汚染は抑制されるようになりましたが,自動車などの移動発生源による大気汚染,生活排水による水質汚濁,廃棄物問題は改善されず,むしろ悪化したといいます.台湾政府は,財政的な負担がかかることに対しては,積極的ではなかったようで,その顕著なのは下水道の敷設であるといわれています.

それを象徴するかのように台湾の下水道普及率は,2000年末で7%前後(1995年3%,1998年5.6%)と極めて低いのです.少ない下水道施設は,台北(台湾の首都)に集中しているため,地方都市にはないに等しいのです.これでは,河川は汚染されやすく,1995年の時点で,一級,二級の1/3は汚染されており,また主要な湖やダムでは富栄養化が確認されており,南部の阿公店や鳳山の二つのダムは,飲料用に適さず,工業用専用に変更されてしまいました.

台湾の内政部営建署の発表によると,台湾の下水道処理率は20%で,下水道普及率は,19県・市がほとんどゼロに近いといいます.同営建省は,下水道の普及が進まないため,2001年1月1日から,地方に対して,全額補助で下水道処理場の建設と下水道の敷設を推進し,4年以内(2004年)に下水道の施設に関しては普及率を30%まで伸ばしたいとしています.

営建署の話によると,台湾では下水道の敷設普及率を1%上げる

図6.4 港町「淡水河」の夕景（台湾）

ためには50億元（用地買収の費用は含まない）を要するとし，政府はすでに800億元を使用しているため，下水道敷設普及率は17％まで上がる計算ですが，そこまでは達していないようです．普及率が低い理由としては，下水道が地下に敷設されて人目につかないため，中央から補助金が出ても，県・市長が積極的にやりたがらないことが原因となっているそうです．

　台湾の水を取り巻く環境の改善は，以上のとおり，多大な問題と，幾多の困難を抱えています．それを解決するためには，

① 国民一人一人が「ゴミはあくまでもゴミである」という観念を捨てる．

② リサイクルシステムの確立を推進させる．

③ 下水道普及率の向上を図る．

などのことが，肝要だと考えます．

　こんな環境下にある台湾ですが，ちょっと台湾の中心から離れたところにある港町淡水の淡水河の夕景は素晴らしく，心を打つものがあります．

中国の水環境

　中国では，急激な人口増加，社会の急激な発展等により，工業用

水，生活用水が急速に増加しています．「黄河の断流」や，「地下水の急激な涸水問題」等の環境悪化を引き起こしており，中国社会経済発展の重大な制約要因となっています．黄河の断流は，黄河河口の利津水文ステーションにおいて，1991年に初めて水涸れが観測され，それ以降，渇水現象は年を追うごとに激しくなり，1997年には，水涸れが観測された日数は226日に及んでいます．一方，改革開放政策以来の地域・産業間の拡大に伴い，貧困層及び地方に対する所得向上・開発促進が緊急の課題となっています．近年に至っては，「雨量の少ない西部の開発推進」が大きく取り上げられている中で，農村の整備，水資源の確保，及び水利建設の重要性が特に高まっていると聞きます．

中国の農業用水の水資源は，水資源利用の7割を占めていますが，水利施設の耐用年数を超えた長期にわたる利用，資金不足による改修・更新の未実施などにより，その老朽化・損壊が進んでいるとのことです．また，計画経済のもと，水の価格（1 m^3 当たりの水価）が比較的安価に設定されたことなどにより，農民レベルの灌漑用水の浪費も目立つと伝えられています．このようなことから，農業用水の灌漑効率は約40％にとどまっており，灌漑分野における水利用の効率化は，水資源確保のために極めて重要な課題となっています．灌漑効率は，水源から取水した水が，実際に作物の生長に有効な灌漑用水として利用された割合を示す率です．利用率の主な低下要因は，「水路からの蒸発散」，「漏水」，管理に伴う「無効用水」等です．日本の畑地灌漑においては，地表の灌漑の場合でも，60〜65％といわれています．中国水利部は，水資源確保のために，水資源開発（「南水北調」など）と節水の推進と，大きく分けて二つの対策を講じています．

南水北調とは，運河を掘って，長江の水を水不足に悩む黄河流域

94 6章 都市開発と水の存在

図 6.5 黄河の断流

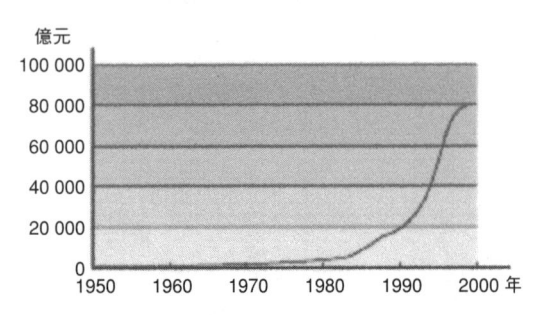

図 6.6 中国の急激な社会発展（国内総生産）

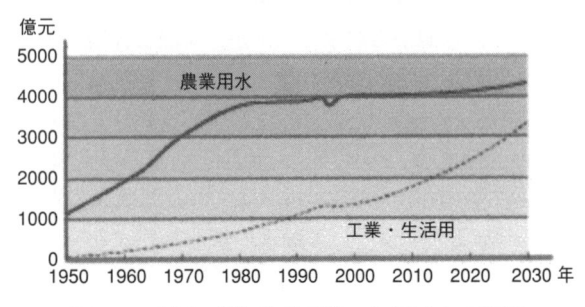

図 6.7 中国の増加する工業・生活用水の需要

世界の水環境

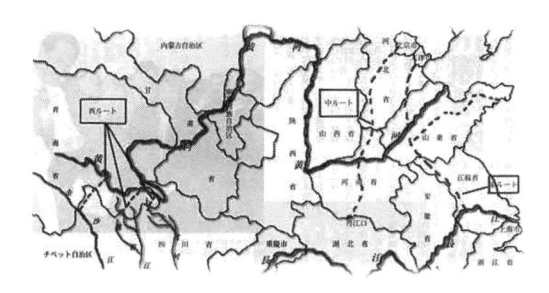

図6.8 南水北調

へ運ぶ計画で，第10次5か年計画の一つです．2002年12月，東ルートが山東省と江蘇省の計2か所で着工しました．2010年までの総投資額は，1860億元（2兆7000億円）と見込まれています．その後も計画どおりに進めますと，合計で5300億元（7兆7000億円）に達する見込みです．実に，大規模な事業です．

南部長江の水を北部の黄河流域に引くことで，北部地区の解決を目指す南水北調のプロジェクトは，長江の下流，中流，上流の水を，北部に送る東，中央，西の3本ルートが予定されています．これによって，長江，黄河，淮河，海河の流域にまたがる東西4本，南北3本の枠組みが形成され，中国の水資源の最適化が実現できるとしています．

7 水と食文化と健康

人間にとっての水

人間の身体の 70 〜 75％（脳は 90％）は，水からできているといわれます．つまり，体重が 60 kg ある人なら 42 〜 45 kg が水ということになります．この比率は，乳児になるとさらに高く 80％，逆に年をとるとその比率が低下します．体内の水分が不足すると，血液の粘稠性(ねんちゅうせい)が高くなり，脳梗塞や心筋梗塞などを起こす危険性が高くなるばかりでなく，発熱や疲労物質の蓄積などさまざまな不快な全身症状が現れてきます．

では，人間の生命を維持するために，1日にどのくらいの水分を

「人間の身体の 70 〜 75％ は水」
知ってますか

摂取する必要があるのでしょうか. 一般に, 食事に含まれる水分を含めて, 1日に約 2.0 〜 2.5 L の水分が必要といわれています. もちろん, 体重の軽重によっても必要量は異なりますし, また, 夏の盛りでは, それ以上に摂取する必要があります.

人間は, 水さえ摂取していれば, 約 1 か月間食べ物を口にしなくても生きながらえることができるといいますが, 水をいっさい口にすることができないと, 1 週間で死に至るということです. 海や山で遭難したり, 災害に遭遇した人たちの例を見れば, それは明らかです. 飲料水の確保ができなくなることは, 文字どおり死活問題となるわけです.

山登りが好きな先輩が, 山歩きのときの緊急事態を想定して, 常時, 水と非常食 (塩, チーズ) を持ち歩いていたことが思い出されます. この三つのものがあれば, 山で遭難しても 1 か月間は十分もつと, いつもいっていました.

安全な水, おいしい水は「伏流水」

鳥海山は, 秋田県・山形県境に位置する二重式成層火山で, 山頂は旧火山の笙ヶ岳 (1 635 m) などと, 新火山の新山 (2 236 m) とから成り立っています. 中央火口丘は鈍円錐形で, 火口には鳥海湖を形成しています. 富士山に似ているところから,「出羽富士」とも呼ばれます.

鳥海山は降雪が多く, そのお陰で雪が解けると, 伏流水として流れます. 伏流水とは, 地上の流水が, 地下に一時潜水して流れる水をいいます. 砂礫などの粗い物質からなる場所, 例えば, 扇状地 (川が山地から平地へ流れる所にできた, 緩傾斜の地形です. 流れが緩やかになって, 砂礫で堆積した結果, 下流に向かって広がる堆

安全な水，おいしい水は「伏流水」   99

積地をつくります）や砂漠に多い水です．その水は清く澄んで美しく，安全で，おいしい水といわれます．

　妻の古里である秋田県由利郡象潟町も，鳥海山の恩恵を受けています．妻の実家では，伏流水で引いた水を飲食関係に使用し，普通の水道水は，洗濯，風呂，庭の水まきなどに使っています．伏流水で研いだ「秋田こまち」をガス釜で炊くと，炊飯器の中で米が立ち，色つやのよいふっくらとしたご飯が出来上がります．また，味噌汁，お茶，コーヒーにしても，とてもおいしく感じられます．もちろん，生で飲むのが一番です．口に含むと，伏流水が舌の上に甘く広がっていきます．幸福を感じる一瞬です．これを「甘露」と言わずして，何と表現したらよいのでしょうか．

　鳥海山麓の泉から湧き出る清水は，山形の銘酒として，酒通の間で人気の高い高品質の吟醸酒，純米酒に用いられていますが，このほか，海のミルクともいわれるほど栄養価の高い岩ガキを育て，おいしいそばの味を引き出しています．

　以前に鳥海山に登ったときは，ゴミ一つ落ちていなかったのですが，最近はどうなのでしょうか．もしも，山奥に産業廃棄物が不法に投棄されたり，穴に埋められたりしたら，大変なことになります．

図7.1　鳥海山の安全できれいな「伏流水」

この清らかで安全な伏流水の中に,人体に危険な化学物質が溶け込んでしまうからです.

このように,米どころ象潟町は,この水の恩恵を十二分に受けています.ただし,忘れてならないのは,ここには地元の人々の,並々ならぬ努力があったのです.鳥海山がつくり出す水は,あくまでも清冽です.それが,日本海に注いで,美味この上ない岩ガキを育てるのですが,その一方で,冷たすぎる水は農業には適しません.それでも,農家の人々は簡単にはこの土地を捨てることはできません.思案の末に編み出した秘策は,まず川幅を広げ,無数の段差を作って,河の流れを緩やかにすることだったのです.

水がゆっくりと流れている間に,太陽に温められて,農耕に適した水温になるのです.

かくして,川の流れは,「温水路」と呼ばれ,農作業に適する水を,ゆっくりと流して田畑を潤しています.

図7.2 広い川幅と無数の段差を緩やかに流れる川
(秋田県由利郡象潟町)

水と「私の健康法」

水と私のかかわり合いは,私がこの世に生を受けたとき始まった

のですが，健康について考えれば，60歳の坂を越えてから一段と強い結びつきとなりました．

　まず，運動をする前と，運動をして汗をかいた後には，必ず生水を大量にとります．水はすべての根源，健康の素だと思っているからです．新聞で以前に読んだ記事の中に，大企業を引退したご老人は1日に1升の水を飲んでいるといっていましたが，そんなには飲めないにしても，なるべく多くの水を摂取するように努めています．また，夜寝てからトイレに起きたときも，必ず水を口に含みます．寝ているときも，身体は活発に働き続けており，汗もかき，体力が消耗するといわれているからです．

　季節にかかわらず，冷水摩擦も，毎日励行しています．厳寒の最中に，冷水に浸したタオルで力一杯体をこすると，体から湯気が立ち上り，体全体が引き締まります．気分もすっきりとして，明日への活力が生まれたような感じになります．

水と「マイナスイオン」と健康

　「滝のそばで水しぶきを浴びる心地良さ」，「空気のきれいなところで森林浴」……．最近，そういった効果がすべて「マイナスイオン」という言葉で語られています．イオンカウンターで計測すると，明らかにマイナスイオンがプラスイオンに比べて，多いことが分かるといわれます．滝のそばで実に5倍に，また自然の中では1.5倍に増えるとのことです．つまり，マイナスイオンの発生は，きれいな自然と清冽な水が存在するところにあるのです．

　ところで，マイナスイオンとは，どんなものなのでしょうか．

　地殻からの放射線などの影響で，空気中にもイオンは自然に存在しています．液体と区別し，プラスイオン（ポジティブイオン），

マイナスイオン（ネガティブイオン）と呼ばれています．大きさは，数ナノメートル（ナノは10億分の1）で，蒸気の1/1 000程度と極めて小さなものなのです．

マイナスイオンの発生するところは，前に述べたように，滝の周辺や森林のように空気のきれいな場所しかありません．特に，滝の周辺では，砕けた小さな粒子はマイナスとなって空気中を漂い，大きな粒子はプラスとなって地表に落ちるため，相対的にはマイナスイオンが多くなります．これは，「レナード効果」と呼ばれています．

では，マイナスイオンには，どんな効果があるのでしょうか．

まず，マイナスイオンの多い空気中で運動からの回復を実験した結果，自律神経に影響を与えたり，血圧が低下する，などのデータが得られ，疲労回復やリラックスに効果があるとのことです．さらに，マイナスイオンは，身体の活力を生み出し，インフルエンザなどのウイルスに対して，抵抗力をつける働きがあるとのことです．また，ダニが住みにくい環境にしたり，かびの発生を抑制するのにも効果があるといいます．

従来の伝統的な日本家屋は，「湿度をコントロールする機能」を持っていました．土壁や障子や襖（ふすま），木の柱が，余分な水分を吸収し，放出してくれました．通風もよく，吹き抜ける風が水分を上手にマイナスイオンに変えてくれていたわけです．

しかし，現代の家屋には，それは全くありません．西洋の発想に基づいていますから，高気密，高断熱で，外界のものをすべてシャットアウトし，家に何も入れない構造になっています．したがって，人工的な調整が必要になるのです．

見た目だけの美しさや，バリアフリーを求めるだけでなく，健やかさを意識した快適な環境づくりが求められる時代なのです．

マイナスイオンは,上手に使うことで,暮らしを快適にしてくれます.

マイナスイオンの効果を確かめるために,私は「滝」「森」「サウナ」で試みてみました.

玉簾のようなきれいな線を描いて流れ落ちる「玉簾の滝」

「滝のそばの心地よさ」を味わうべく,日本のさまざまな滝を訪れました.「華厳の滝」,「浄蓮の滝」など,それぞれ雄大で見事な景観を見せてくれました.

この二つの滝に比べて雄々しさは若干劣りますが,優美さ,可憐さを誇る滝が,秋田県升田にあります.

鳥海山の南麓,日向(にっこう)川上流の川筋に点在する村々のなかで,最も奥を占めるのが升田です.そこから,10分足らずの距離に,目指す「玉簾(たますだれ)の滝」が,姿を見せます.

玉簾の滝は,滝口から滝壺まで落差63m,幅が5mほどの名の知れた滝です.滝の中腹の岩窟には,大聖不動明王の石像が祀られ,その前を流れ落ちる水が玉のすだれのようであったことから,滝の名は生まれたといい伝えられています.

808年に,布教のため出羽国を訪れた空海上人(弘法大師)は,日向川流域をさかのぼり,当地南側を流れる前ノ川が,日向川と合流する付近にさしかかります.日が暮れて,宿を求めるのに困った空海は,比較的水の温かい前ノ川に神霊を感じて歩き続けます.

すると突然,闇夜にザーッと,獣の争いと思える音がします.生い茂る木の間からのぞくと,それは大きな滝でした.夜が明け,改めてよくよく見ると,眼の前に玉簾の滝があったのです.そして,特に升田とその周辺の土地は,空海ゆかりの玉簾の滝の水に恵まれて,豊かであったといわれています.

夏でも「滝を見上げ,落下するしぶきの音を聞いただけで涼しく

図 7.3 無限の白い帯となって流れ落ちる「玉簾の滝」

なる」といわれる玉簾の滝は，緑の木々をバックに荘厳な景観を見せ，垂直な岩肌を一気に流れ落ちます．

滝が流れ落ちるそばまで足を運んで，しぶきを体一杯に浴びると，マイナスイオンの効果でしょうか，身も心もすっきりとした気分になります．

滝のそばにある水場で，新鮮な玉簾の水を口にすると，舌の上に，何ともいえぬ旨さと甘さが，口一杯に広がっていきます．

「森林浴」で身も心もすっきり

森林浴は，山登りが好きだったので，若いころから，十分味わっています．木漏れ日のかすかにもれる森の奥にわけ入ると，きれいな空気と，木々の緑が身体を包んでくれます．森の木立は，汚れた炭酸ガスを吸い，きれいな酸素を吐き出してくれます．みずみずしい森の緑の中に立ち上がり，一人たたずんでいると，身も心もリフ

「森林浴」って気持ちがいいわ

レッシュします．

　住宅地の開発で，残念にも私の家の周辺には，森林浴ができるところがありませんが，休日に励行している近距離マラソンの折に，偶然，小さな森に迷い込むことがあります．そのときの感激は，言葉には表すことができません．ただ，束の間のひとときを森の緑に託し，土の匂いのする道に足をひろげて，深呼吸をします．森の木々の水気を，一人占めしようと，清浄な空気を吸い続けます．

フィンランドサウナで「マイナスイオン」を浴びる

　フィンランドの伝統的生活文化であるフィンランドサウナは，熱せられたサウナ・ストンに水をかけることによって，マイナスイオンを発生させる健康的なサウナです．発生するマイナスイオンを含んだ快い熱気を，ゆっくりと心ゆくまで浴びることができます（ちなみに，この熱気のことをフィンランド語でロユリュといいます）．適温，適湿なので，身体に負担なく無理なく入浴し発汗することが

フィンランドサウナで「マイナスイオン」たっぷり

でき，女性には「美容と健康」を，男性には「ストレス解消とスタミナ回復」をもたらします．

世界の飲料水

オーストラリアの飲料水

　オーストラリアの水道水は，ほとんどのところでは飲んでも問題ありませんが，一部の地方では硬水です．硬水といっても，硬度90という超硬水なので，だしを取ったりお米を炊くのに向くとのことです．

　エアーズロックの水道水は，地下水の水を汲み上げたものといいますが，塩分を多少含み，ミネラル，カルシウムが豊富で，とてもおいしいのです．地元の人によると，この水は昔，海の底にあった水なので，普通の水に比べミネラル6倍，カルシウム2倍で，健康に良い水，美容にも良い水だそうです．

また，この水は，石けんもよく溶けるので，気持ちよく入浴することができます．

トルコの飲料水

トルコの水道水は，飲まない方がよさそうです．

イスタンブールの水道水は，白く濁っているといわれ，トルコ人でさえ，飲料水はミネラルウォーターを購入しています．

また，その他の都市には，それぞれ水道の設備はありますが，トルコの水は石灰分が非常に多く，また，病原体などに汚染されやすいため避けた方がよいとのことです．

日本では見かけませんが，トルコでは，トルコ帽をかぶり，トルコ服に身を包んだ，イスタンブールの「水売り」の男が，大きな金属製の水壺を背負い，大声で「SU（水），SU（水）」と呼びかけている姿を見掛けます．

「SU，SU」「SUは，いらんかね」
イスタンブールの水売り

観光客たちは，その姿にしばし足を止めますが，日本人で水を求める人はいないようです．やはり水の安全性に対する躊躇があるのでしょう．

雨がなかなか降らない夏のトルコは，いつも水不足となり夏中不定期な断水となります．なんの予告もなく水が止まってしまうので，地元の人々は大変困るといいます．きちんとしたアパートは貯水するタンクのようなものもあるので少しは救われます．それでも，水が底をつくと，完全に止まってしまうのです．あまりの水不足に，人工的に雨を降らせることもあるそうで，日本では全く考えられないことです．

スペインの飲料水

スペインの水道水は，十分飲めますが，そこに住む日本人によると，家庭では水道水は炊飯用に使用し，飲料用にはやはりミネラルウォーターを利用するとのことです．

バルセロナの水道水は，まずいので，ほとんどの人が飲料水には，ミネラルウォーターを買って飲んでいます．

グラナダ・マドリードの水道水は，日本より塩素投入量が少なく，それなりにおいしいので，水道水を飲料用に使用しています．グラナダの水は，郊外でミネラルウォーターが取れるくらい良質です．

イタリアの飲料水

イタリアの水道水は，飲めないことはありませんが，いろいろと問題があるようです．

ローマ・ナポリ・ミラノの水道水は，イタリアの人々にはおいしいといわれていますが，日本人には敬遠されているようです．水道水を沸かして飲んでも，まずくて飲めないので，炊飯用に使用し，飲料用にはミネラルウォーターを利用しているのです．

イタリアの水は硬水で，石灰質が多く溶けているため，さまざま

な障害を引き起こすといわれます.

　なかでも,ミラノの上水道は,地下水を汲み上げているので,ミネラル分に加えて石灰分も多く含まれているのです.そのため,建物全体の水道引入れ口にフィルターが付いていないと,湯沸かし器が詰まってしまうのです.お湯の出が悪く,シャワーなどを使うと,冷水を浴びてしまうことになるそうです.

　また,炊事においても,パスタやスパゲティをゆでようと水道水を沸かすと,鍋の縁が白っぽくなってしまうとのことです.

フランスの飲料水

　フランスの水道水は,十分飲めるといわれ,日本人の口に合う水(軟水)もあります.

　ここの日本人も,家庭では水道水は炊飯用に使用し,飲料用にはミネラルウォーターを利用するとのことです.

　銘酒の里ブルゴーニュの地下水は,抜群に美味しく,特にオータンの水は最高です.

　また,フランスに隣接するモナコの水は,山から出てきた水を浄化しているので,質も高く,安心して飲用できます.

中国の飲料水

　中国の水道水は,ほとんど飲めないといっていいでしょう.また,歯磨き等の場合も,ミネラルウォーターを利用した方がよいです.そのため,中国のホテルの洗面所には,必ずミネラルウォーターが備え付けられています.

　外国人向けの公寓には,屋上のタンクに浄水器が取り付けられているケースが多く,そこに居住する日本人は,ほとんど水道水の利用は避けています.したがって,飲料水,炊事用とも,公寓が斡旋した蒸留水を利用しています.

　黄河のほとりに住む村の人に聞くと,黄土で汚染されている黄河

の水も，煮沸さえすれば十分飲用できるとのことです．日本では，汚染された河川の水を汲んで煮沸して飲用するということは考えられないことですが，中国では当たり前のように行われていることなのです．

なお，河川，湖沼の全くない山岳地帯や，とりわけ地下水も湧かない奥地では，雨水を土瓶に貯めて飲料水として利用しているのだそうです．

香港の飲料水

香港の飲料水は，100％フッ素添加で，硬水であるので，ますます「水道離れ」に拍車がかかっているようです．

水道水は日本人の口に合わないし，まずくて飲めない，沸騰させても飲めたものではないと現地の日本人はいいます．そのせいで，浄水器がじわじわと売れているようです．

台湾の飲料水

台湾の水道水は，そのまま飲用しない方が無難といえます．飲用するときは，5分以上の煮沸が必要とのことで，ホテルの部屋には，たいてい飲料用のポット（お湯）か，無料のミネラルウォーターが用意されています．

台北・北南・台中の水道水は，5分以上煮沸させて有害物質を取り除いてから飲用するといいますが，生水を飲みたいときは，ミネラルウォーターを利用しているようです．

台湾人によると，台北の水がめの翡翠ダムの水質が台湾一といいますが，日本人には，まだまだなじめないところがあるようです．

また，高雄では，水道水をそのまま飲む人は，まずありませんし，煮沸しても有害物資を取り除くことは不可能です．したがって，そこに住む日本人はもちろんのこと，高雄市民にとっても安心してその水を飲むことはできないのです．なぜなら，高屏渓は高雄・屏東

地区の飲料水の源ですが，その汚染が深刻だからです．

日本の飲料水

かつて日本は「豊富できれいな水に恵まれた国」で，水道水は手を加えずにそのまま飲めました．ところが1960年代高度成長以降，都市部への人口集中や工業化の進行に伴う工場や家庭からの排水が増え，河川や湖沼などの水源は汚染されました．汚染された原水をそのまま取水し，浄化するには限界があります．塩素消毒などによるカルキ臭などが発生するようになり，問題になっています．水道水は，必ずしも安全でおいしい飲み水とはいえなくなっているのが現状です．では気になる日本の飲み水の実態は，どうなっているのでしょうか．

まず，水道水源の種別（上下水道＋用水供給事業の合計）は，日本水道協会によると，表7.1のとおりとなっています．

年間取水量168.2億m^3のうち，ダムからが一番多く，次いで河川水が続いています．

表7.1 水道水源の種別（2000年）

水　源	取水数量（億m^3）	割合（％）
ダ　ム	66.6	39.6
河川水	51.9	30.8
深井戸	23.7	14.1
浅井戸	12.2	7.3
伏流水	6.5	3.8
湖沼水	2.3	1.4
その他	5.0	3.0
合　計	168.2	100.0

降雨，降雪がダムや河川に流れ，浄水場で浄水処理が行われ，一般家庭に配水される仕組みは，図7.4のとおりです．

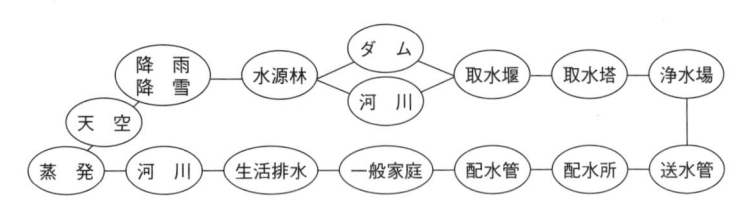

図7.4 水（水道水）の循環

水質のよくない下流域から取水している大都市圏では，浄水場で浄化・殺菌しなければ，飲料水とはなりません．

通常の浄化方法には「急速ろ過方式」と「緩（かん）速ろ過方式」があります．

急速ろ過方式とは，次のとおりです．
① 「沈砂池」で，原水中の大きな粒子を沈殿させる．
② 前塩素処理として塩素を注入する．これにより，アンモニア，マンガン，有機物を分解する．
③ 原水の濁りを沈めやすくするため，「凝集剤」（ポリ塩化アルミニウムなど）を投入する．
④ 「沈殿池」で，原水の濁りを沈殿させる．
⑤ 「急速ろ過池」で，濁りを沈殿させた原水をろ過する．（流速：120 m/日）
⑥ ろ過した水に，再び塩素を注入して消毒する．

緩速ろ過方式とは，次のとおりです．
① 薬品は，一切使用しない．
② 「緩速ろ過池」で，ゆるいスピードでろ過する．（4〜5 m/

日)

そのため，原水の質がよいことと，広い面積のろ過池があることが要求されます．

戦後，米国仕込みの技術の急速ろ過が主に行われていましたが，さらに，原水の汚れが著しく，有害な微量化学物質などを除去するため，「高度浄水処理」を通常の浄水処理に追加して行う浄水場が増えてきました．

高度浄水処理とは，図7.5のように沈殿池からの原水を次の①②で処理し，急速ろ過池へつなげます．
① オゾン発生器によるオゾン処理
　「オゾン接触池」で，カビ臭やトリハロメタンの原因物質を，オゾンの強力な力で分解します．
② 生物活性炭吸着処理
　「生物活性炭吸着池」で，活性炭の吸着作用と，活性炭に繁殖した微生物の分解作用を併用して，汚濁物質を処理します．

高度浄水処理の効果は，通常の浄水処理（凝集沈殿→ろ過→消毒）では十分に対応できないカビ臭の原因となる物質や，カルキ臭のも

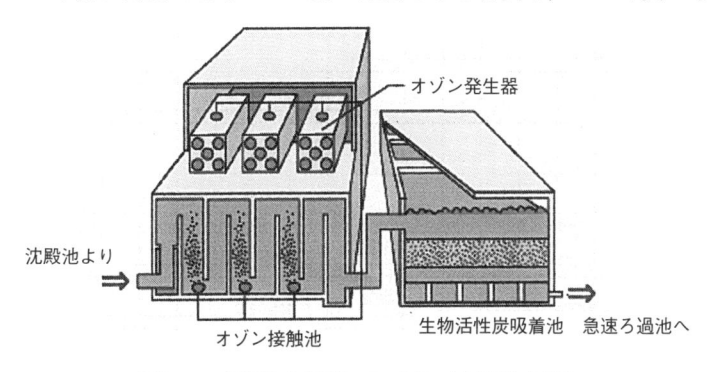

図7.5 高度浄水処理のしくみ（金町浄水場）

とになるアンモニア性物質などを取り除き，トリハロメタンのもととなる物質を減少させることができることです．その除去率は図7.6のとおりです．

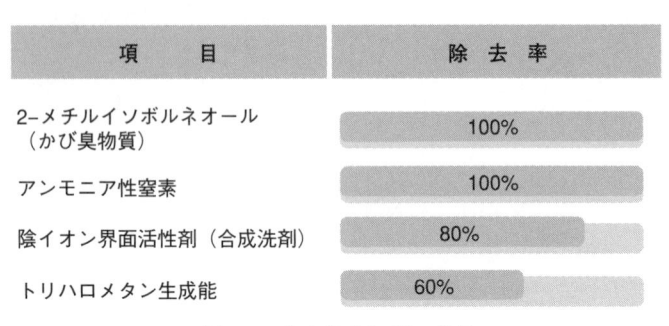

項　　目	除　去　率
2-メチルイソボルネオール（かび臭物質）	100%
アンモニア性窒素	100%
陰イオン界面活性剤（合成洗剤）	80%
トリハロメタン生成能	60%

図7.6　高度浄水処理の効果

なお，水道水中に含有されているトリハロメタン（Trihalomethane）は，消毒に使用する塩素と川の水にある有機物が反応してできるものです．発がん作用をもっていることが疑われています．

そのため，「水質基準値」は，人間が生涯にわたって水を飲んでも影響を生じない水準をもとに定められています．

東京の水道水に含まれるトリハロメタンの量は，低減に効果のある高度浄水処理等により，常に水質基準値以下であり，安全といえます．

また，トリハロメタンは，水道水を沸騰（2〜3分）させると，ほとんどなくなります．

東京都東部の江戸川から取水している都の金町浄水場（葛飾区，最大浄水能力・160万m^3/日）は，カビ臭対策として，1984年度から全国に先駆けて，粉末活性炭処理の実験を行いました．その上

で，1992年度からオゾンと生物活性炭を使用した高度処理施設を導入しました．現在，52万 m³/日の浄水能力があると聞いています．

東京都では，1999年に三郷浄水場に高度浄水処理施設が完成したほか，現在，朝霞浄水場，三園浄水場の両浄水場でも建設中です．

全国的には，水質のよくない淀川水系から取水している大阪府営水道なども，高度浄水施設を導入しています．

以上のとおり，日本の大都市圏では，高度浄水処理が主流になってきたようですが，一方では，質のよい地場の食べ物を，ゆっくりと味わって食べる「スローフード」ならぬ，緩速ろ過「スローウォーター」が見直されるときがやってきそうです．現に，最近では，急速ろ過が主流の米国でも，緩速ろ過が再評価され始めているのです．

緩速ろ過は，良質な原水，広い土地という，日本の現状ではかなり酷な要素を求められていますので，これを全国規模で実現していくことは，並大抵なことではありません．しかし，身近で安全なおいしい水が飲みたい，というのは国民一人一人の願望です．臭いがする，まずい，危険性があるなどとして，「水道水離れ」が多くなる昨今，改めて，水に対する見直しが迫られているのではないのでしょうか．と同時に，ただ単に水道水に対する批判をするだけでなく，水道水の現況を正しく認識し，正しくアピールしていかなければならないと考えます．

では，日本における緩速ろ過の実態はどうなっているのでしょうか．実例とともに，その実情に触れてみることにしましょう．

日本水道協会の調査によると，現在，全国の浄水場約2500か所のうち，緩速ろ過は約2割，貯水量では急速ろ過が年間125億 t に

対し，緩速ろ過はわずか6億tと報告とされています．

緩速ろ過は，東京都の境浄水場，名古屋市の鍋屋上野浄水場など，都会にも一部で残っていますが，比較的地方に多いのです．なお，東京都庁など高層ビルが立ち並ぶ新宿副都心一帯には，1965年まで淀橋浄水場の緩速ろ過池があり活躍していましたが，都市開発の荒波に巻き込まれて，その姿を消してしまいました．

日本で「一番おいしい水道水」，それは群馬県にありました．

JR高崎駅から車で15分，高崎市西部剣崎町の小高い丘に四角い池（縦約50 m，横約20 m）が七つあります．1943年に創設された日本最古の剣崎浄水場で，いまでも健在です．

機械装置類は全然見えず，何の変哲もない池が，そこに存在します．群馬県榛名町の春日堰から取り入れた烏川の原水を，ここで緩速ろ過方式により浄化して，地形の高低差を利用した「自然流下方式」で給水しているのです．一瞬，だれでも，こんな池で本当に浄化できるの？といぶかりますが，その現場を目にし，原理をよく聞けば，だれでも納得できるのです．

池の底には，細かい砂や砂利の層（約1 m）があります．そこを原水（利根川水系烏川の表流水）が，約10時間かけてゆっくり落

図7.7 剣崎浄水場（高崎市剣崎町）

ちていきます．その間に砂層にすむ藻類などが水の汚れや濁り，大腸菌などをこし取り，飲料水に変えているのです．井戸水や湧水が飲めるのも，この原理と同じなのです．なお，この浄水場の計画給水能力は，5 500 m³/日です．

隣接する若田浄水場は，高崎市西部若田町の小高い丘にあります．剣崎浄水場と同じく，群馬県榛名町の春日堰から取り入れた烏川の原水を，延長6.5 mの導水管で浄水場へ運び，約20時間かけて浄化しています．

ここも，地形の高低差を利用した「自然流下方式」を採用しています．

今は移転しましたが，2000年までビール工場がここの水道水をそのまま使用していたそうです．浄水場の話によると，ビール工場の原水になるほどの名水は珍しく，ろ過したての水は，のどの通りもよく，甘くまろやかだ，といわれます．

なお，この浄水場の計画給水能力は，34 620 m³/日です．

この二つの浄水場の特色は，非常に良質の水が得られ，しかも生産コストがたいへん安い（ポンプで水を送り出す動力費がほとんどかからないため）ことにあります．

図7.8 若田浄水場（高崎市若田町）

2003年4月1日から,高崎市浄水場「集中監視システム」の運用が始まり,市の水道施設の一括管理を行う「広域監視センター」が設置されています.

また,水道水にとっては汚染の発生源の特定とその防止が必要です.

日頃,私たちが何気なく捨てる水が,何の処理もされずにそのまま河川や海域に流されたら,汚染につながります.したがって,事前に処理することが大切です.

生活排水については,公共の施設で下水処理を施します.

公共の下水処理の主たる目標は,長い年月にわたって,浮遊物質,酸素要求物質,溶解している無機化合物(主としてリンや窒素の化合物),有害な細菌の成分を減少させることだけであったのです.しかし,最近では,下水処理で発生する残留固体,つまり汚泥処理法の改善が重要視されるようになっています.

公共の下水処理の基本的な方法は,次の3段階に分かれています.

1次処理: 砂塵の除去,スクリーンによる浮遊物の除去,粉砕,凝集,沈殿などが行われる.
2次処理: 微生物を含む活性汚泥の働きで有機汚濁物質が酸化分解され,汚泥はそのあとフィルターで取り除かれる.
3次処理: 生物学的処理によって窒素分が除去され,また粒子のろ過や活性炭による吸収などの物理的及び化学的処理が行われる.

工業排水については,それぞれの工場内及び公共の施設で下水処理を施します.この排水の特徴は,工業の種類ごとにも,また同一の工場内でも,内容が著しく異なることです.また,この排水の影響は,生物化学的酸素要求量(BOD)や浮遊物質のような総合的

な測定項目だけでなく，特定の無機物質や有機物質によっても分かります．

工場排水の管理には，次の三つの方法があります．
① 下水が発生した時点で，プラント内で管理する．
② 下水を処理してから，公共の下水に流す．
③ 下水をプラントにおいて完全に処理してから，再び生産工程で使用するか，公共水域に放流する．

農業排水の管理としては，次の方法があります．
① 溜め池を設置する．
② 一定限度の好気性及び嫌気性の生物処理をする．

このようにして，ほとんどの排水は，汚染されたままの姿では流されることなく，さまざまな処理を施された後，安全な形で河川や海域に排出されています．これは，河川や海域を汚さないためのものだけではなく，われわれ人間が口にする飲料水の安全性の確保にも大いに役立っているのです．つまり，河川などから取水し浄水場で浄水処理する前処理的な役割も果たしているのです．

8 水が警鐘する

21世紀は「水の世紀」，世界規模で水の危機

水は，地球上に生命を誕生させます．その生命の根源の水が，いま世界規模で危機に瀕しています．急激な人口増加や産業発展は，水不足や水質汚染を引き起こします．さらに石油の大量消費による地球温暖化が世界の気象バランスを崩壊させます．その結果，各地で大規模な干ばつと洪水被害をもたらします．20世紀後半から顕在化した大きな問題です．これらは，21世紀にわれわれ人類が，真剣に取り組まなければならない最大のテーマといえます．

では，新世紀に入ったいま，世界の水の現状は，どうなっているのでしょうか．

2000年3月22日，オランダのハーグで開催された「世界の水の日」に，21世紀への水不足の警告「水ビジョン」が発表されました．それによりますと，現在の人類は，100年前に比べて6倍の水を使っており，2025年には，世界の人口の半分（約40億人）が水不足に苦しむといわれています．

地球には，14億 km^3 の水が存在するといいますが，その97.5%は利用に適さない海水です．残る2.5%のうち7割は氷河や地下水で，人間が飲料用や農業用に利用可能な淡水はわずか0.3%しかありません．現状でも，中国，インド，中央アジア，中東など，31か国が水不足に悩んでいます．今後，水不足はさらに進み，2025年には48か国に増えると，世界水会議（WWC）は予測していま

122   8章 水が警鐘する

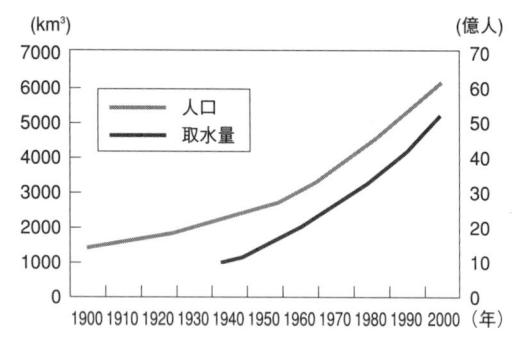

図8.1 世界の人口増加と取水量の推移

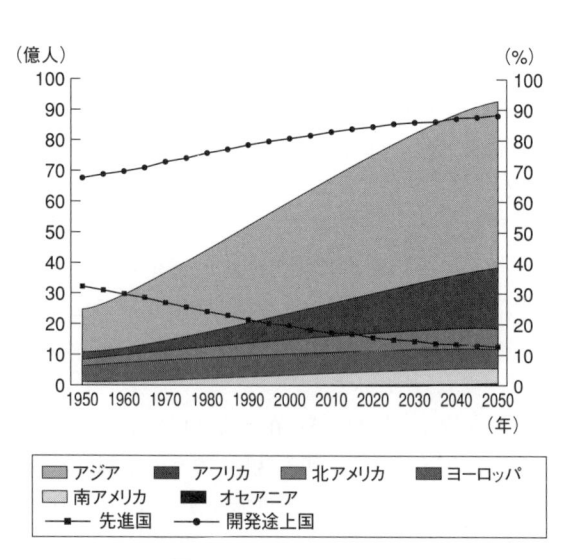

図8.2 世界人口の推移

す．

　水不足の原因である人口増加は，今後も当分続きそうです．

　水不足は，食糧不足にもつながります．米，麦の栽培には，水が必要です．食糧が米，麦中心，さらに肉食へと進むと，飼料をつくるために，さらに水が必要となります．

　近年，干ばつと洪水といった異常気象による被害のニュースが増加しています．原因として挙げられるのは，都市化による土地利用の急激な変化や，降った雨をためておく保水力を持つ森林の伐採です．

　しかし，これらに加え，地球温暖化の影響も無視できません．気候変動に関する政府間パネル（IPCC）2次報告書によると，温暖化により，雨の多い地域にはさらに余計に雨が降るようになり，逆に乾燥地にはさらに雨が降らなくなるのです．

　国連環境計画（UNEP，本部ナイロビ）や，世界銀行などが組織する「21世紀の水に関する世界委員会」は1999年末，リポートを発表しました．それによると，河川流域の水危機による「環境難民」は1998年2 500万人発生し，初めて「戦争難民」を超えました．2025年までに，1億人に達すると予想されています．

　またこのリポートによりますと，世界の主要河川の半分以上で，枯渇や汚染が深刻化しているのです．農業用水や工業用水，飲料水などを川に頼る流域住民の健康や生活が脅かされています．大河で健全なのは，流量が大きく，開発が進んでいない南米のアマゾン川とアフリカのコンゴ川ぐらいです．

　20世紀は「石油の世紀」で，大国は石油の利権をめぐって争いました．ところが，21世紀は「水の世紀」になると伝えられています．人口増加とともに水不足がますます深刻化し，枯渇や汚染で水の奪い合いが激しさを増すというのです．水には，残念ながら代

表8.1 最近の主な異常気象

西暦年	日本の異常気象	世界の異常気象
1984	大寒冬,猛暑	ソ連（ウクライナ）干ばつ,アフリカ干ばつ
1985	猛暑	ヨーロッパ北部冷夏,ヨーロッパ寒波
1986	西日本少雨（秋）	米国南東部干ばつ,ヨーロッパ北部低温
1987	暖冬,少雨（春）	インド干ばつ,バングラデシュ洪水,ギリシャ熱波
1988	長梅雨	米国中西部干ばつ,中国南部熱波,バングラデシュ洪水
1989	暖冬	東アジア・シベリア・ヨーロッパ暖冬,中国中部洪水
1990	暖冬,猛暑,少雨（梅雨期）	東アジア・ヨーロッパ暖冬,アフリカ干ばつ,オーストラリア洪水
1991	暖冬,東日本多雨（秋）	中国洪水,オーストラリア干ばつ,米国南部洪水
1992	暖冬,東日本以西多雨（春）	北アメリカ暖冬,中東低温・大雪,アフリカ干ばつ,フィリピン干ばつ,パキスタン洪水
1993	暖冬,冷夏,多雨（夏）	米国中西部洪水・南東部熱波干ばつ,中国洪水
1994	暖冬,高温少雨（夏）	ヨーロッパ・東アジアの高温少雨（夏）,中国南部洪水
1995	暖冬,多雨（梅雨期）	ヨーロッパ（1月中）,アジア南部（5〜10月）の洪水,アフリカの干ばつ
1996	低温（春）,少雨（年,全国）	米国の干ばつ（1〜5月）,中国・朝鮮半島北部の大雨（6〜8月）,インド亜大陸の大雨・洪水（6〜9月）
1997	多雨（夏,西日本の日本海側） 少雨（10月,東・西日本,南西諸島）	アジア南部・オーストラリアの少雨・干ばつ（6〜12月）,アフリカ東部の大雨・洪水（10〜12月）,南アメリカ各地の大雨・洪水（6〜12月）
1998	全国的な高温 　（特に春と秋に顕著） 多雨,日照不足 　（1,4〜6,8〜10月に顕著） 盛夏の不順な天候	東南アジアの干ばつ・森林火災（1〜6月） 中国の洪水（5〜8月） 米国の熱波・干ばつ（5〜8月） カリブ海及び中米諸国のハリケーン被害（9〜11月）
1999	高温（夏：北日本,秋：全国） 多雨（夏：西日本）	北東アジアの干ばつ（1〜7月） 中国南部の洪水（6〜8月） 東南アジアの洪水（7〜8,11〜12月） アフリカ東部・中東の干ばつ（1〜12月） 米国東部の干ばつ（1〜8月） 中米・南米北部の洪水（9〜12月）
2000	高温（夏：北・東日本） 少雨（梅雨期：東日本の一部・西日本）	北東アジアの干ばつ（3〜8月） メコン川の洪水（9〜10月） ヨーロッパ南部の干ばつ（6〜8月） ヨーロッパ北西部の洪水（9〜11月） アフリカ東部,中東の干ばつ（年間） 米国の干ばつ,森林火災（3〜9月）
2001	少雨（春：北・東・西日本） 高温・少雨（7月：東日本） 多雨（秋：西日本・南西諸島）	中国から朝鮮半島の干ばつ（3〜6月） 華南からインドシナ半島の台風被害（6〜11月） インドネシアの洪水（2月,7月） アルジェリアの洪水（11月） 米国・カナダの干ばつ・森林火災（1〜5月,9〜12月） 中米諸国の干ばつ（6〜8月）
2002	高温（3月：全国） 少雨（夏：西日本）	世界的な高温 中国・朝鮮半島の大雨（6〜9月） バングラデシュ周辺の大雨（6〜8月） インドの熱波（5月）と干ばつ（7〜8月） ヨーロッパの大雨（6〜8月） オーストラリアの干ばつ（3〜12月）

(注) 気象庁調べによる.

替品がありません．ヨルダンの故フセイン国王が，「将来の中東の戦争は，水をめぐって起こる」と予言したように，「水をめぐる紛争」が頻発して，世界の平和と安全を脅かす恐れがあると考えられています．その芽が，すでに兆しているところもあるとさえ聞きます．

　世界規模の水危機を，どう乗り越えたらよいのでしょうか．人類にとってなくてはならない限りある水を，長期にわたってどのように確保し，どのように消費していったらいいのでしょうか．それには当然，世界規模で話し合い，解決していかなければなりません．それも，今までのような技術者などの専門家だけの話合いに委ねるだけでなく，政治レベルの対応が必要です．難しいといわれる「海水の淡水化」，「大規模な節水対策」など，世界規模で考えていかなければならない問題は山積みです．

　中国水利部によると，中国の人口は2030年には16億人に到達するといい，都市では，水需要もピークに達するとしています．節水措置が取られた場合でも，水需要は7 000億〜8 000億 m^3 になると見られ，現在より1 300億〜2 300億 m^3 増加するといわれています．現時点で，中国の1人当たりの水資源量は2 300 m^3/年しかありませんが，2030年になると，人口増加に伴い，1人当たりの水資源量は1 700 m^3/年に減少する見込みといわれます．国際的には，1人当たりの水資源量が1 700 m^3/年以下になりますと，渇水と同様といいます．中国の専門家は，これらの数字について「水利用の限界だ」として，より強力な措置を講じなければ深刻な水不足に見舞われると警告しています．

消えゆく氷河,「プリンス・ウィリアム湾奥」

「ドドーン,ドドーン」,氷河の壁が轟音とともに崩れ落ちます.頻繁に聞こえるその音に,訪れた観光客は耳を奪われ,すさまじい光景に,目が釘付けとなります.

米アラスカ州中南部のプリンス・ウィリアム湾の奥には,数えきれないほどの氷河が,果てしなく広がっています.

その一つである世界最大級といわれるコロンビア氷河ですら,数十年後には消失してしまうと指摘する専門家もいます.

消えゆく氷河を一目見よう,いつまでも目に焼き付けておこうと,世界中から大勢の観光客が押しかけています.

鯨やシャチが泳ぐプリンス・ウィリアム湾に注ぎ込んでいる氷河のうち,最も大規模なのが,このコロンビア氷河なのです.海と接している部分は,海面からの高さが100m弱といわれ,幅が数キロメートルにわたっているといわれています.氷河は,一日に数メートル移動しているため,青みがかった氷河の壁が,何度も大音響をたてて海に崩落しているのです.

この氷河は1980年代から急速に後退を始めました.1970年代後半には全長約65kmもありましたが,現在では,15kmも減少して約50kmまで短くなりました.プリンス・ウィリアム湾に流れ出した大量の氷の影響で,遊覧船も氷河に近づくことが年々難しくなっているとのことです.

アラスカ州のベーリング氷河では,氷河の先端がとけて湖になってしまったそうです.また,グリーンランド西部の氷河もこの40年間で,著しく減少しているといいます.北極地方に住むイヌイット人は,氷がとけて動物たちがいなくなってしまったら生活できなくなってしまいます.

消えゆく氷河,「プリンス・ウィリアム湾奥」 127

図 8.3 轟音とともに崩壊する「氷河」
(米アラスカ州南部, プリンス・ウィリアム湾奥)

　北極圏の平均気温は,地球全体の10倍の速度で上昇するといわれており,したがって,この30年間で,なんと1.5℃も高くなりました.

　専門家は「長い歴史の中で氷河は成長と後退を繰り返している.現在の後退が"地球温暖化"の影響なのか,調査を急ぎたい」と,話しています.

　いま,南極の氷の厚さも,昔と比較すると薄くなっているといわれます.南極の氷がすべてとけてしまうと,海面は70 mも上昇してしまうのです.

　南極海では,長さ約85 km,幅約85 kmの巨大な氷山が誕生し,漂流し始めたと米国の国立センターが2002年3月18日,発表しました.面積は約5 500 km^{2}で,日本の千葉県や愛知県より一回り大きいことになります.こうしている今も,氷山は漂流しています.そして,少しずつとけているのです.

海面上昇の実態とそれによる影響

一般的には，海面上昇とは，温暖化が原因で，海水の膨張や氷河がとけたりすることで海面水位が上昇する現象のことをいいます．氷河の崩壊が，地球の温暖化によるものなのか，まだ解明されていないところがあるものの，この説が正しいとするならば，海面上昇とは，これらが密接にからみあって生じる現象ということになります．

海面上昇が与える影響とは，多方面にわたります．

① 前述のように，北極，南極の氷河がとけます．
② 海抜の低いところにある島々やデルタ地帯が海に沈みます．
③ 洪水が頻発し，高潮や津波の被害が深刻になります．
④ 沿岸域で，田畑や井戸が塩水化します．

平面海面水位は，過去約100年間で，10～25 cm上昇しました．それによって，海に沈む恐れのある島々は，次のとおりといわれています．

○ツバル諸島

　　ツバル諸島とは，南太平洋に浮かぶサンゴ礁の国です．人口約11 000人，九つの島からなるツバル諸島の面積は，合計26 km^2，最も高いところでも，海抜（水面）からわずか4 mなのです．

　　ここは，高潮になると，海水が内部まで押し寄せてきて，家の並ぶ海岸部が浸食されると聞きます．地下水の塩水化が生活と農業に打撃を与えているとのことです．ツバル政府の危機感は強く，大量移民を考えています．

○フィジー諸島

　　フィジー諸島サナ村は，村の土地が浸食されてしまいまし

た.

○モルディブ島

　海抜がわずか2mのモルディブの首都マレ島は,海面が1m上昇したら沈んでしまう,といわれています.

○マーシャル諸島

　南太平洋の海抜がわずか3mの島です.すでに,2年前から水位が上昇し,堤防を作ったりして防いではいますが,ヤシの木が倒れ,高潮が発生して,家を流失してしまう人がでたりしているそうです.

　さらに,100年後には,海水面が平均で50cm,最大で1mも上昇するといわれます.

　仮に,水位が1m上昇すると,太平洋のマーシャル諸島の一部では80%が,バングラデシュでは国土の18%が海に沈んでしまうのです.

　では,日本で海面上昇が起こった場合は,どうなるのでしょうか.日本では,海面が1m上昇した場合,東京の下町にある低地地域は,海面より低くなるのです.また,満潮のときに海面下に住む人たちは,410万人(日本の人口の約3%に相当)に上ります.満潮のとき高潮や津波が襲って,最悪の場合には莫大な資産が危険にさらされることになります.これを,堤防などを築いて守ろうとすれば,膨大な資金を要します.これらは,新聞,テレビなどで,従来より報道されている周知の事実です.

　海面上昇は,今後も数世紀にわたって生じるといいます.IPCC第3次評価報告書によれば,20世紀に地球の平均海面水位は10～20cm上昇しており,1990年から2100年までの間に9～88cm上昇することが予想されています.2008年までに海面水位が10cm上昇する場合,沿岸の高潮により被害を被る世界の人口は年平均

7500万人から2億人の範囲で増加するといわれます．

原因とされている地球温暖化の防止に，努めなければなりません．

地球温暖化の現状と防止策

地球は，年々少しずつ暖かくなっているといわれています．その要因は，私たち人類のライフスタイルの変化にあります．産業革命以降，私たちは多大な資源を使用して，「より豊かな生活」を追求してきたのです．エアコンをはじめとする電化製品は，持っていない方が不思議なくらいの存在となり，車も都市の幹線道路に満ちあふれています．私たちの生活を豊かで便利なものにしてくれる一方で，これらは多量のエネルギーを必要とします．その結果，石油などの燃料を使用して，エネルギーを作り出す際に，二酸化炭素（CO_2）が大量に排出されます．CO_2は，地球の熱を宇宙に放出させない役割を持っているため「温室効果ガス」と呼ばれています．多くのエネルギーを作り出す過程で，大気中に排出されるCO_2が増えたことが，地球の温暖化の原因といわれています．

温暖化は，地球規模の大きな問題であるとともに，私たち一人一人が考えなければならない問題です．温暖化を防止するためには，省エネルギーなど，さまざまな日ごろの配慮が肝要なのです．日々の生活の中で，電化製品などのスイッチをこまめに切ったり，車のアイドリングを減らす，車の渋滞を解消するなど，環境に良い暮らしを始めるよう心掛けたいものです．

日本では，CO_2の排出規制につき，東京都が先に基準を満たしていないディーゼル車の都心乗入れを禁止しましたが，世界的には，2012年までの先進国の温室効果ガスの削減を求めた京都議定書の

発効は遅れたままです．現状では米国や途上国の参加がなく，全排出量の1/3しかカバーしていないといわれています．

温暖化の対策として，2300年には全世界の年間CO_2排出量を2000年の1/4にすることを目標としていますが，果たして将来的にこの大きな問題は，どう解決されていくのでしょうか．

2001年にまとめられたIPCC第3次計画書によると，1990年から2100年までの間に，地球の平均地上気温（陸域における地表付近の気温と海面水温の平均）は1.4℃から5.8℃上昇すると予想されています．大気中の二酸化炭素濃度は，1750年と比較すると，

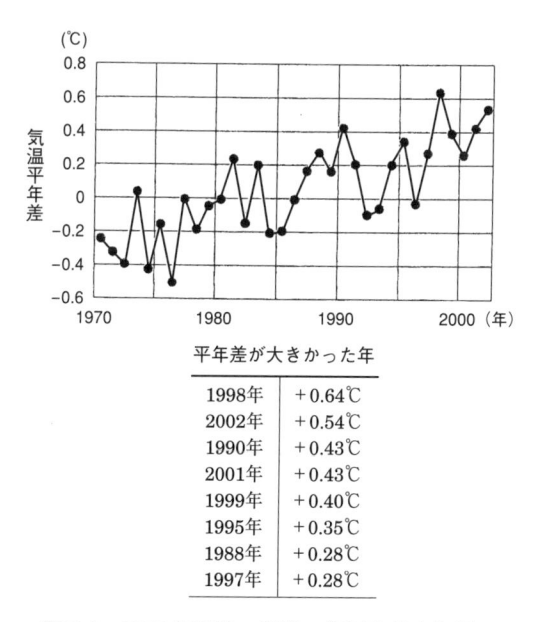

平年差が大きかった年

1998年	+0.64℃
2002年	+0.54℃
1990年	+0.43℃
2001年	+0.43℃
1999年	+0.40℃
1995年	+0.35℃
1988年	+0.28℃
1997年	+0.28℃

図8.4 1970年以降の世界の年平均地上気温の平年差の経年変化

1999年には約31%増加しており，過去42万年間を通じて最高の濃度といわれています．

「砂漠化」の要因は，人為的な行為によるもの

現在，「砂漠化」は全陸域の1/4，全人口の1/6に影響を及ぼしているといわれています．砂漠化は，人間活動が地球環境変動と相まって，人類社会に影響を及ぼしている重要な環境問題です．将来，地球上の広範な地域において砂漠化が進行し，地球環境や食糧供給に影響を及ぼすことが懸念されています．

1994年，国際連合は「砂漠化対処条約（UNCCD）」を採択し，砂漠化対策を積極的に推進する必要性が確認されました．

この条約の目的は，国際的に連帯と協調することによって，砂漠化の深刻な影響を受けている国々（特に，アフリカの国々）の砂漠化を防止するとともに，干ばつの影響を緩和することです．

この条約によって，先進国，開発途上国の差別なく，取組みが築かれたことが非常に重要なことなのです．

1997年，国際連合砂漠化防止会議（UNCOD）は，世界各地で毎年6万km^2の土地が，砂漠化で失われていると報告しました．これは，ほぼ四国と九州を合わせた面積に匹敵します．その後の他の調査によっても，特に，アフリカ大陸と西，南アジアにおいて，砂漠化が深刻化していることが明らかにされました．

砂漠化とは，「自然植生に覆われた土地（森林や草原）が，不毛地（砂漠）になっていく現象」をいいます．「気候の変化による自然現象（干ばつ）」としての砂漠化もありますが，今日，全世界的に問題になっているのは，人類の活動が要因となる人為的な行為（多くは，家畜の過放牧や森林の伐採による）によって引き起こさ

「砂漠化」の要因は，人為的な行為によるもの 133

れたものです．砂漠化は，気候変化の原因ともなります．もちろん，地球温暖化もその一因となっているのです．

もともと，半砂漠に近い乾燥地帯の草地では，家畜の過放牧（草原の再生能力を超えた家畜の放牧），農地の酷使（休耕期間の短縮・土地の能力を無視した過度の耕作），灌漑農地の塩素集積（不適切な灌漑による農地への塩分の集積）などの人為的要因により，土地がやせてしまったと考えられているのです．このような人為的要因が加わると，急速に砂漠化が進行してしまい，一度砂漠化した半砂漠を元どおりに回復させることは，極めて困難なことなのです．なぜなら，一度砂漠化してしまった土地は膨大な労力と費用をかけない限り，元には戻らないからです．

砂漠化の影響を受けている土地の面積は，36億haで全陸地面積149億haの約1/4に当たります．また世界の耕作可能な乾燥地域の約70%を占めます．

砂漠化による生産力の低下は，食糧不足など生活条件の悪化をもたらします．深刻な場合は，飢餓や民族間の対立といった社会的混

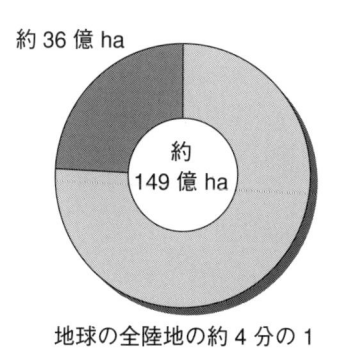

約36億ha

約
149億ha

地球の全陸地の約4分の1

図8.5 砂漠化の影響を受けている土地の面積

乱を引き起こす結果となります．アフリカでは1983年から1984年にかけて干ばつに襲われ，飢餓や環境難民が発生し，大混乱となりました．

環境への悪影響も深刻です．砂漠化の進行が，次の砂漠化を引き起こすという悪循環が生じているのです．

今，砂漠化への対応は，全世界の問題として，世界の国々が真剣に取り組んでいます．国際的な対策としては，

① 1977年，国連砂漠化防止会議が開催され，砂漠化防止行動計画（PACD）が採択されました．その折，各国及び国際機関がとるべき行動についての勧告がなされました．

　同年，砂漠化防止計画活動センターが設置されました．

② 1996年12月，砂漠化対処条約が発効されました．この条約により，先進国，開発途上国の差別なく，取組み方の枠組みが築かれました．

日本の取組みは，政府では，政府開発援助（ODA）による調査，技術面での協力，資金の貸付けなどの形で支援を行っています．また，非政府組織（NGO）が行っている砂漠化防止活動に対して，補助金を出資して支援しています．

ただし，砂漠化問題の解決を困難にしている数々の問題点があります．砂漠化を生じている原因の背景には，開発途上国の貧困，人口増加，対外債務の増加，貿易条件の悪化など，社会的，経済的要件があるからです．

全世界人口の1/6の9億人ともいわれる人たちが砂漠化の影響を受けています．砂漠化に拍車がかかれば，その数は増え続けるばかりです．対岸の火事視することなく，われわれ日本人も一人一人がグローバルな視野に立って考え，対応していくことが大切です．

最近，春に空が黄色くかすみ目があけられないほどの砂塵が舞う

「砂漠化」の要因は，人為的な行為によるもの　　　　135

黄砂現象が日本で増えています．環境省によると，黄砂を引き起こすもととなる高気圧帯が，以前は中国西部のタクラマカン砂漠付近にありました．それが，近年は中国北部のゴビ砂漠を含む内モンゴル地域に移動してきているとのことです．日本により近く，しかも北に移動したため，日本での観測回数が増加し，北日本でも見られるようになったといわれます．

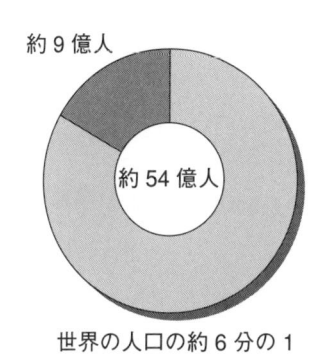

約9億人

約54億人

世界の人口の約6分の1

図8.6 砂漠化の影響を受けている人口

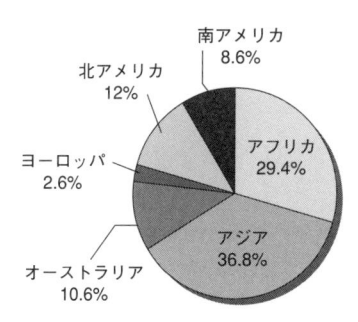

南アメリカ 8.6%
北アメリカ 12%
ヨーロッパ 2.6%
オーストラリア 10.6%
アジア 36.8%
アフリカ 29.4%

図8.7 耕作可能な乾燥地における砂漠化地域の割合（大陸別）

モンゴルの砂漠の拡大を阻止するために，先手を打つ試みも日本主導で行われ，注目されています．

酸性雨による自然破壊，生物への影響

酸性雨とは，端的にいえば，強い酸性を示す雨が降る現象です．この雨の発生原因となる物質は，主に石炭や石油の燃焼によって生じます．つまり，化石燃料である石炭，石油での燃焼によって，大気汚染物質の窒素酸化物や硫黄酸化物が大気中に放出されることにより，これらのガスが雲粒に取り込まれて，複雑な化学反応を示します．その結果，硫酸イオン，硝酸イオンなどに変化し，強い酸性を示す降雨，又は乾いた粒状の物質として降下するのです．

酸性の強さを示す尺度としては，pHが使われています．一般的にはpH 5, 6の雨が酸性雨とされています．

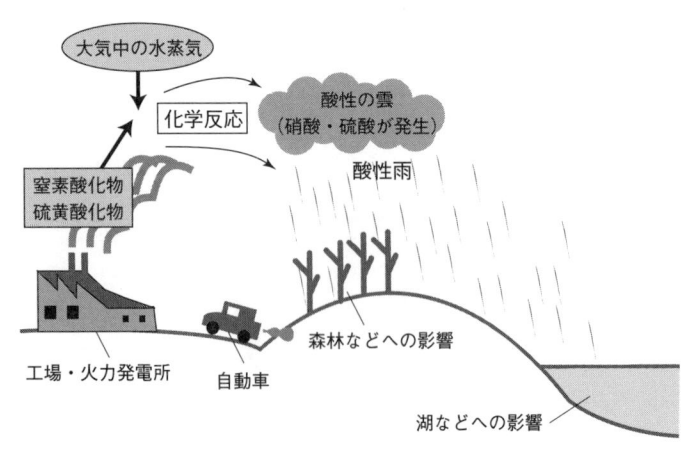

図8.8 「酸性雨」の仕組み

このようにして発生した酸性雨は、いま自然界や生物たち、そして水へ多大な影響を及ぼしています。その被害は、世界中に広がっています。

① 湖沼への影響

スウェーデン、ノルウェー、カナダ、米国などで湖沼がすでに酸性化、もしくは酸性化の恐れがあるとして、魚類の生息に悪影響を与えています。サケの仲間（タイセイヨウサケ、ブラウントラウトなど）も姿を消してしまいました。

② 森林への影響

ドイツのシュベルツバルト（黒い森）など、欧州、北米に多く発生しています。「黒い三角地帯」で知られるチェコ西北部、ポーランド南部、旧東ドイツ東部山岳地帯は酸性汚染物質が直接森林に影響を与えている典型的な例です。この地域は、石炭（硫黄含量が高いもの）が火力発電等に利用され、その排煙（多量の硫黄酸化物を含む）が大きな被害を与えました。

アジア地域では、中国の重慶近郊で、酸性汚染ガスによる森林被害、そして健康被害が発生しています。

なお、東南アジア地域全体の酸性物質の排出量の伸びは、世界最大で深刻な問題です。将来、生態系への影響が懸念されています。

日本には、北から南までたくさんの杉が植えられています。スギは耐酸性の樹木ですが、一部の地域においては酸性雨の影響で土に含まれる栄養の過不足が生じ、スギの生長に影響が出ています。

③ 地下水への影響

ノルウェーでは、地下水の酸性化が進んでおり、日常生活が脅かされています。

④　赤潮への影響

　米国のチェサピーク湾では，赤潮への影響が出ており，魚類や海洋生物の生息が脅かされています．

日本では，10年前くらいから，木が枯れたという報告がされています．また，河川や湖沼の魚が産卵しなくなった例もあります．ヒメマスは，酸性の水が嫌いです．ほんのわずかpHが下がっただけ（pH7～pH6に変化）で，産卵をやめてしまいます．大丈夫だと思われていた中性に近い微酸性の水で，ヒメマスの産卵という行動に影響が出るのです．pH2以下になると，水中の生物が生きていけなくなってしまうのです．

では，酸性雨に対する対策はどうなっているのでしょうか．

国際的な対策としては，

① 1969年，OECD環境政策委員会で，初めて問題が提起されました．
② 1979年，長距離越境大気汚染条約が締結され，1995年2月現在，40か国が批准しています．

その後，この条約をもとに，酸性雨の原因物質である窒素酸化物，硫黄酸化物を削減するための議定書が締結されました．

日本の対策としては，国境を超越した広大な大気汚染問題について，東アジア地域における取組みとして国際協力を推進するために，1993年に東アジア酸性雨モニタリングネットワーク構想（東南アジア12か国）が，環境庁によって提唱されました．2000年10月の第2回政府間会合において採択された共同声明に基づき，2001年1月から10か国で本格稼働を開始しています．

いま，日本の企業でも，化石燃料の削減ないしは燃料の転換が検討されているところがあります．

われわれの日常生活でも，原因となる排ガスを極力出さないよう

自動車の利用を極力セーブしたり,冷暖房の使用を制限したりする必要があるのです.

日本の水資源

　日本は「水の豊かな国」と考えられてきましたが,それは1年間に降る雨水の量,つまり降水量が多いということからです.

　日本はユーラシア大陸東海岸(アジアモンスーン地帯)に位置し,世界有数の多雨地帯に属しています.したがって,雨の恩恵を受けているのです.

　全世界での1年間の平均降水量は,図8.9,表8.2のとおり1 000 mmくらいで,これに対し日本は,1 700 mmくらいです.これは,世界平均の約2倍であり赤道付近とほぼ同じになります.しかも,蒸発によって失われるのは,年間に600 mmから700 mmと,乾燥地帯や熱帯地帯に比べて少ない量なのです.

　一方,全世界における人口1人当たりの年平均降水総量をみると,約22 000 m^3/年・人で,これに対し日本は,約5 100 m^3/年・人です.日本の平均は,世界の平均の1/4程度で,諸外国に比べて必ずしも恵まれているわけではありません.国土が狭く,人口が多いため,降水量は国民1人当たりにしてみると少ないのです.

　また,日本の降水量には,地域差があります.人口1 300万人を誇るマンモス都市東京が存在する,関東臨海地域の年間降水量は,1 533 mmで,全国平均を下回っています.

　その上,日本の地形は急峻なため,河川の流域が狭く,諸外国に比べて急勾配なのです.このため,河川の流水量の変動は激しくなっています.雨が降ると急増します.逆に,雨がやむとたちまち急減してしまうのです.日本の気候特性から,河川の流水量は,梅雨

図8.9 世界各国の降水量等

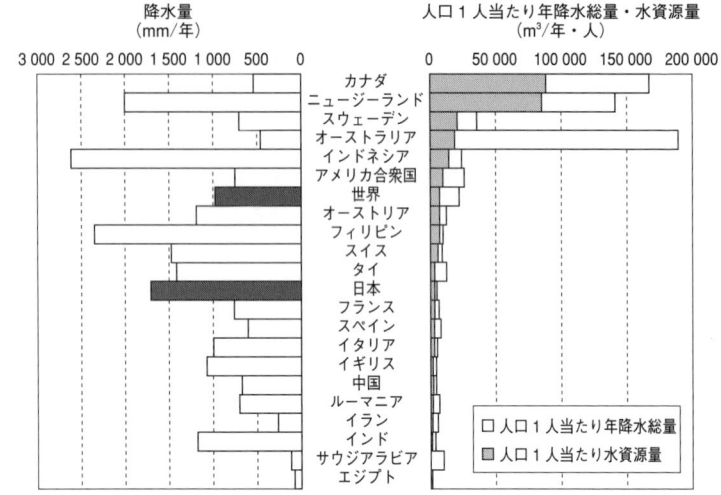

(注) 1. 日本の降水量は昭和46年〜平成12年の平均値である．世界及び各国の降雨量は1977年開催の国連水会議における資料による．
2. 日本の人口については国勢調査（平成12年）による．世界の人口については United Nations World Population Prospects, The 1998 Revision における2000年推定値．
3. 日本の水資源量は水資源賦存量（4235億 m^3/年）を用いた．世界及び各国は，World Resources 2000–2001（World Resources Institute）の水資源量（Annual Internal Renewable Water Resources）による．

期及び融雪期に多く見られます．つまり，季節によって大きな開きがあるのです．

こうしたことから考えると，日本は，決して「水の豊かな国」とはいえません．むしろ日本は，水利用を図るには「不利な国」ともいえます．

表8.2 世界各国の降水量等

国 名	人 口 (万人)	面 積 (千km²)	年降水量 (mm/年)	年降水総量 (km³/年)	人口1人当たり年降水総量 (m³/年・人)	水資源量 (km³/年)	人口1人当たり水資源量 (m³/年・人)
カナダ	3 115	9 971	522	5 205	167 100	2 740.0	87 970
ニュージーランド	386	271	2 010	544	140 801	327.0	84 671
スウェーデン	891	450	700	315	35 351	178.0	19 978
オーストラリア	1 889	7 741	460	3 561	188 550	352.0	18 638
インドネシア	21 211	1 905	2 620	4 990	23 526	2 838.0	13 380
アメリカ合衆国	27 836	9 364	760	7 116	25 565	2 460.0	8 838
世界	605 505	135 641	973	131 979	21 796	42 655.0	7 045
オーストリア	821	84	1 191	100	12 164	55.0	6 698
フィリピン	7 597	300	2 360	708	9 320	479.0	6 305
スイス	739	41	1 470	61	8 217	40.0	5 416
タイ	6 140	513	1 420	729	11 867	210.0	3 420
日本	12 693	378	1 718	649	5 114	423.5	3 337
フランス	5 908	552	750	414	7 001	180.0	3 047
スペイン	3 963	506	600	304	7 661	111.8	2 821
イタリア	5 730	301	1 000	301	5 258	160.7	2 805
イギリス	5 883	244	1 064	260	4 415	145.0	2 465
中国	127 756	9 597	660	6 334	4 958	2 812.4	2 201
ルーマニア	2 233	238	700	167	7 474	49.0	2 195
イラン	6 770	1 633	250	408	6 031	128.5	1 898
インド	101 366	3 288	1 170	3 846	3 795	1 260.6	1 244
サウジアラビア	2 161	2 150	100	215	9 949	2.4	111
エジプト	6 847	1 001	65	65	951	1.8	26

(注) 1. 日本の降水量は昭和46年から平成12年の平均値である．世界及び各国の降水量は1977年開催の国連水会議における資料による．

2. 日本の人口については，総務省統計局国勢調査（平成12年）による．世界の人口については，United Nations World Population Prospects, The 1998 Revisionにおける2000年推計値．

3. 日本の水資源量は，平均水資源賦存量（4235億m³/年）を用いた．世界及び各国については，World Resources 2000-2001 (World Resources Institute) の水資源量 (Annual Internal Renewable Water Resources) による．

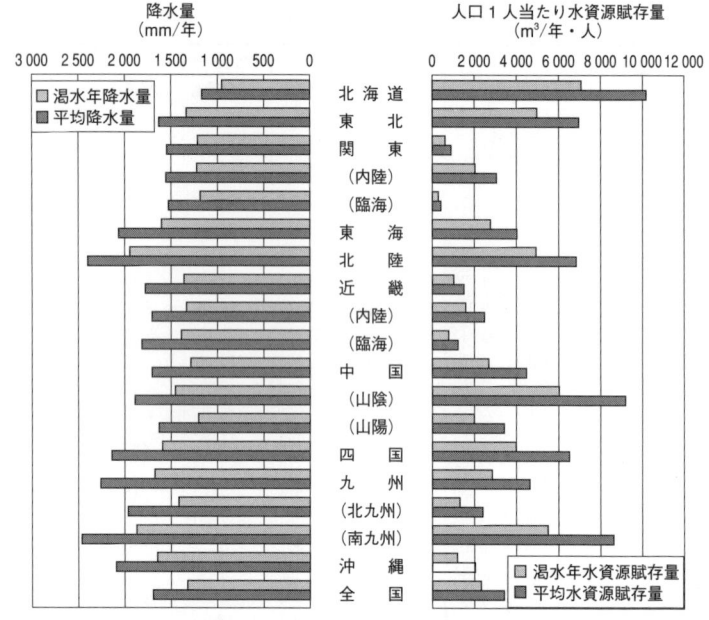

図 8.10 地域別降水量及び水資源賦存量

(注) 1. 国土交通省水資源部調べ及び総務省統計局国勢調査（平成 12 年）による．
2. 平均水資源賦存量は，降水量から蒸発散によって失われる水量を引いたものに面積を乗じた値の平均を昭和 46 年から平成 12 年までの 30 年間について地域別に集計した値である．
3. 渇水年水資源賦存量は，昭和 46 年から平成 12 年までの 30 年間の降水量の少ない方から数えて 3 番目の年における水資源賦存量を地域別に集計した値である．

日本の水資源の利用状況

2000 年における水使用実績（取水量ベース）は，合計で約 870 億 m^3 であり，使用形態別にみると，

○都市用水　約 298 億 m^3

（生活用水約 164 億 m^3，工業用水約 134 億 m^3）

○農業用水　約572億m^3

となっています．

　なお，河川の上流で取水された水が利用後処理等されている場合があり，ここでの使用量は，各取水地点における取水量等の集計結果です．

　水使用量の推移をみると，都市用水は昭和50年ごろから昭和60年代前半まではほぼ横ばいでしたが，昭和62年以降，生活様式，景気の拡大等を背景に，わずかずつ増加してきました．平成5年以降は，社会・経済状況等を反映して，横ばい傾向にあります．

　農業用水の使用量は，近年ほぼ横ばいを示しています．なお，農業用水については実際の使用量の計測が困難なため，地域ごとに農耕地の整備状況，水利用の状況等の営農状況・降水量の気象条件等をもとに，灌漑等の作付面積，家畜飼育羽数，単位用水量（減水深）等から推計しています．

　生活用水の使用量の推移を有効水量ベースでみると，平成元年から平成11年末までの10年間では，平均1.0％の伸びといわれます．

　生活用水は，水道により供給される水の大部分を占めていますが，水道は昭和30年代から昭和40年代にかけて急速に普及し，昭和53年には水道普及率が90％を超えました．

　なお，平成13年末では，水道普及率はなんと96.7％に達しており，全国の総人口1億2690万人に対し，水道の給水人口は，1億2298万人となっています．

⑨ 未知なる水の世界

「究極の水」を求めて

「脱ダム」に始まり「脱……」の言葉がはやるさなか，ついに「脱水道」という言葉まで飛び出す，物騒な世の中になりました．カルキ臭さや，安全性への不安など，水道水への不信感が，一段と高まっているからです．

カルキ臭さから，水道水は一切口にせず，口に入る水はすべてミネラルウォーター，おまけに，家庭菜園の野菜にまくのも，炊事のとき野菜を洗うのにも，ミネラルウォーターを使用し，1か月の使用量がなんと30Lに及ぶという，若い女性がいるとのことです．

また，ミネラルウォーターと水道水の浄水器の併用で，ここ数年，

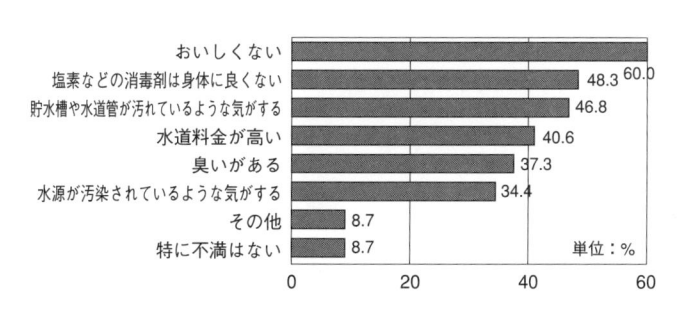

	%
おいしくない	60.0
塩素などの消毒剤は身体に良くない	48.3
貯水槽や水道管が汚れているような気がする	46.8
水道料金が高い	40.6
臭いがある	37.3
水源が汚染されているような気がする	34.4
その他	8.7
特に不満はない	8.7

図9.1 水道水に対する不満・不安

出典：水にかかわる生活意識調査
（ミツカン水の文化センターホームページ）

蛇口から出る水をそのまま口にしない，食器や野菜の洗いもすべて浄水器を通した水道水を使用し，風呂の水も塩素で子供の皮膚が荒れてしまうことを懸念し，塩素を抜くための錠剤を購入している主婦もいるそうです．

いずれも，それだけ水への不安が深刻化している現れなのです．

消費者の不安を解消するために，行政側も水道水の水質改善に取り組んでいますが，当面，各家庭において自衛策を考え出す以外に，解決の道はないのではないかと思われます．

かつて，わが国の水道水は，清らかでおいしく，不安ということは全くありませんでしたが，都市化，工業化の余波を受けて，工場排水，生活排水が急増し，水質悪化に拍車をかけました．

以前の清冽にして美味な水は，一体どこにいってしまったのでしょうか．水道水に代わって，今や地下水，ミネラルウォーターが幅を利かせる世の中になりましたが，それとて，このままではいずれは尽きてしまいます．

そんな中，私は「究極の水」の赤裸々な姿を追い求めたくなります．

その一端を，ご披露することにしましょう．

きれいでミネラル分を含み豊富な資源量，脚光を浴びる「海洋深層水」

海は地球表面積の71％に相当し，前述したように地球全体の水の97.5％が海水です．その海水を利用しようということで始まったのが「海洋深層水」の活用なのです．

太陽の光がほとんどない深さにある海水を「海洋深層水」と呼んでおり，一般的には200 mよりも深いところに存在します．ただ

し，日本列島の近くにある海では，200 m より浅くても，太陽の光がなくなることもあり，逆に 200 m より深いところでも，海洋深層水ともいえないものもあります．

　海洋深層水は，低温性，富栄養性，清浄性及び恒常性という特性を持ちます．これらの有用性のほかに，その膨大な資源量と再生循環型資源としての利活用が期待されています．

　全世界の平均水深は 3 800 m といわれており，地球上の海水の 95% が海洋深層水です．海洋深層水は豊富にあり，どこでもとることができるわけです．その上，太陽の光が届かない深いところでは，光合成ができず，植物プランクトンはほとんどいないので，水はとてもきれいで，栄養分がたくさん含まれているのです．また，水の温度は低く，場所によっても異なりますが，1～10℃くらいです．

　現在，海洋深層水の利活用は，アメリカ，日本が最も盛んであり，事業化が進められています．最近，インドや韓国も研究を開始したところです．主に水産養殖業の分野とされていますが，本来の狙いは，熱帯地域での冷房，淡水化，温度差発電にあるとされています．この方面での利活用は，費用対効果が思わしくないため，いまだに実証研究の段階にあるようです．しかし，地球環境問題の深刻化と，21 世紀の課題とされている水不足，食糧不足への解決には，海洋深層水の利活用が不可欠と考えられています．

　日本での海洋深層水の利活用は，水産，エネルギー，医療，製品開発などの多方面の分野にわたっています．沖縄では，クルマエビを育てる研究に使用されています．このエビは，水温が高くなると，死んでしまうそうです．そこで，水温が低い海洋深層水を使用して，クルマエビを卵から育てる研究をしているのです．富山県ではサクラマスやアワビを育てる研究に使用されており，静岡県では，ヒラ

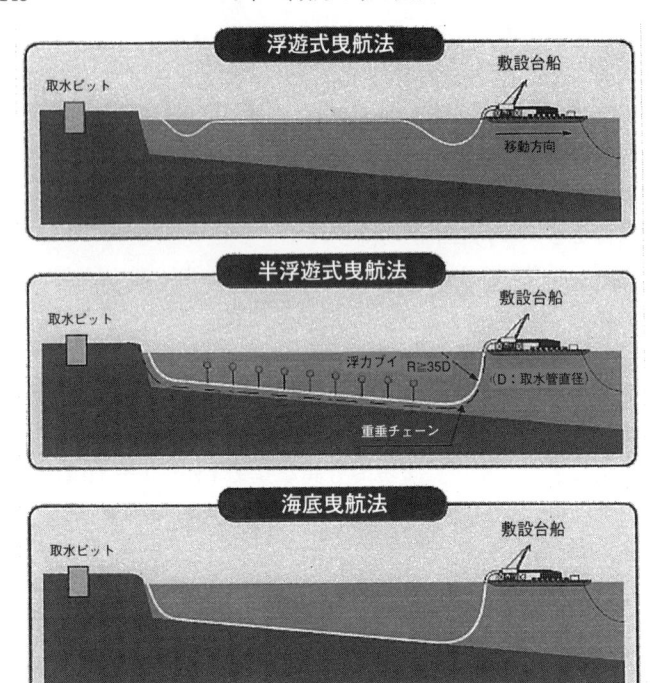

図9.2 一般的な海洋深層水の「取水管」設置方法

メを育てる研究に使われています.

また,高知県では,餌となる植物プランクトンや海草,冷水性のマコンブや大西洋サケ,深海性メダイ,宝石サンゴ,イセエビの幼生,ヒラメなどの飼育,培養に,富山県では,サクラマス,トヤマエビなどの冷水性の飼育,深海性のベニズワイガニ,ホタルイカ,深海性のバイ貝類での飼育に利用され,成果が得られています.

他方,冷房や生物の飼育のための水温制御技術が開発され,エネルギーの削減にも役立つことが期待できそうです.

その他，人の体にもよいミネラルなどが含まれているというので，海水から塩を抜いて飲料用にしたり，日本酒や発泡酒といったお酒，それに味噌，醤油などにも利用されているのです．また，がんやアトピー性皮膚炎にも効果があるとのことです．

このように，海洋深層水は，成熟期を迎えつつあり，特産品としての商品化が積極的に行われています．海洋深層水の取水は，羅臼，入善，滑川，三浦，室戸，久米島の6か所で行われており，1日当たり約3万m^3の揚水量のうち，商業用として10％程度が使用されています．

海洋深層水は，新鮮であることがイメージとして定着していることから，今後は消費地と近接していることが重要な要素となり，産業振興もからませた小規模取水設置が増加する傾向がうかがえます．

とりわけ，今後の展望として，亜熱帯地域での低温農業，発電所や工場の冷却水など，エネルギー分野への利用，アトピー疾患をはじめとする皮膚疾患に対する応用など，医療分野への利用が期待されます．こうした豊富な資源量の海洋深層水の利活用を，世界に広めていく必要があるのです．

地下で自然浄化された水は天下一品，濁度0度，「柿田川湧水」

静岡県清水町の中央部を静かに流れる柿田川．その源流部にある柿田川公園の第1展望台の下には「湧き間」と呼ばれる湧水口が渦を巻いています．その数は5～6個，大きいものは直径1.5 mはあるでしょうか．まるで，怒ったように，川床から黒い砂を噴き上げます．

水はどこまでも清く透きとおり,緑の藻が流れにそって静かに揺れています.アユが,屈託もなく,気持ちよさそうに泳いでいます.周囲は,深閑とした原生林に覆われ,ここだけが都会の喧騒から隔離された別天地です.町のど真ん中に,忽然と湧き出したオアシスです.

源流部から流れ出た湧き水は,水量を徐々に集めながら,川幅を40 mから100 mに広げていきます.全長約12 000 mの河川を満たした水は,伊豆天城山を源とする狩野川に注ぎます.

柿田川は1日100万tの水量を誇る「東洋一の湧水」と呼ばれます.水質は,環境庁(現環境省)の「名水百選」に選ばれるほどの名水として折り紙つきなのです.水温が1年を通じて15°C前後と変わらないため,ミシマバイカモ,ヤマセミ,ホトケドジョウなど貴重な動植物が生息し,同庁の「ふるさと生き物の里」にも指定さ

図9.3 富士山と柿田川の清流

れています.夏は冷たく,冬は暖かく感じる水です.

　もちろん,柿田川湧水は,飲んでもおいしく,筆舌に尽くし難い味なのです.それもそのはず,富士山の雪解け水が地下に浸透し,その膨大な水が突然湧き出して,そのまま河川になったのが柿田川だからです.

　富士山は,幾度かの爆発を繰り返しました.約1万年前の爆発で,ほぼ現在の姿になりました.その後,約8500年前の大爆発によって,大量の溶岩を噴出してできたのが,「三島溶岩流」といわれています.

　三島溶岩流の間を縫って,富士山の大量の雪解け水や,東斜面に降った雨が,約40 km離れた清水町の国道1号の直下から湧き水となって現れます.したがって,柿田川は「湧き水の川」なのです.

　上流では,水の湧き出る無数の「湧き間」が,中流域では,穏やかな流れが見られ,下流の狩野川の合流点では,両川の水の色が違うのがはっきりと分かります.湧水群の左岸側は,景観のよさから

図9.4　柿田川の静かな流れ

図 9.5 砂を湧き上げる「柿田川の湧水」

その昔徳川家康が隠居の地を求め,縄張りまでして土地を確保したといいます.

地下で自然浄化された水は天下一品で,濁度0度と透明度の極めてよい清水です.この優れた水質と,豊かな量を送る水は,静岡県東部地域35万人の飲料水として利用されています.この川の水は,地域住民の「命の水」なのです.

その他,工業用水,農業用水にも使用されています.利用されている水量は,1日約30万トンで,湧水の残り約70万トン余は,そのまま狩野川に注がれていると聞きますが,水不足を訴える地域があるさなか,もったいない話です.

その清流を誇る美しい湧水が,いまさまざまな問題に直面しています.富士山麓の乱開発と周辺部の宅地化により,ここにも自然破壊が進んでいます.1960年代に1日約130万tを誇った水量も,その後,約30万tも減少し,水質も悪化を始めています.加えて,観光公害(年間,40万人もの観光客)も,追討ちをかけています.

そんな環境悪化が伝えられていますが,東洋一の湧水量を誇る柿田川湧水群は,環境庁の「名水百選」だけでなく,「21世紀に残したい日本の自然百選」にも認定されています.豊富な水量に加え,

表9.1 柿田川の水利用

用　途	名　称	1日の取水量	利用市町
飲料水	沼津市水道 駿豆水道	11.1万t 10.5万t	清水町，沼津市 三島市，函南市，熱海市
工業用水	柿田川工業用水	10.8万t	長泉町，三島市，沼津市
農業用水	柿田用水組合 長沢用水組合	0.3万t 0.3万t	清水町柿田地区 清水町長沢地区
計		33.0万t	

表9.2 柿田川の水道水とおいしい水の要件

水質項目	おいしい水の要件	柿田川水道水
蒸発残留物	30～200 mg/L	102.0 mg/L
硬　度	10～100 mg/L	44.2 mg/L
遊離炭酸	3～30 mg/L	―
過マンガン酸カリウム消費量	3 mg/L以下	0.8 mg/L以下
臭気度	3以下	異常なし
残留塩素	0.4 mg/L以下	0.3 mg/L以下
水　温	最高20°C以下	平均15.4°C

年間15°C前後の一定した水温，そのまま飲める水質，その清流域で営まれる生態系が一つとなって，豊かな自然を創りだしているからです．特に，表9.2にあるとおり，柿田川の水道水は，前述の「おいしい水の要件」を満たしています．なお，貴重な飲料水の水源として，沼津市，三島市，函南町，熱海市など，周辺市町に清水を供給しています．

柿田川の歴史を訪ねると，この周辺には，縄文，弥生時代から人々が生活してきました．このことは，川の両岸より発見されてい

る土器片などから知ることができるそうです．きっと，柿田川の清流に群がる魚を捕って生活していたのでしょう．

その柿田川の伝統と環境を守ろうと，地元の住民たちが立ち上がり，その輪が広がっています．2002年5月に364人の人たちが参加して3 300本の木を植えました．この木がすくすくと育つように，柿田川の水もその清く美しい流れを止めることはないでしょう．そして，深みのあるこの「究極の水」はいつまでも存在し，未知なる水の世界へと引き継がれていくことでしょう．

「究極の水」忍野八海の限りない自然の恵み

はるかな昔，山梨県にある忍野村は湖の湖底であったといわれています．大自然が恵む豊かな水とともに生き物たちは巣と定め，生活を営んできました．

忍野は，昔「宇津湖」と呼ばれる湖だったといわれます．この湖は，延暦19年富士山の大噴火で，「鷹丸尾溶岩流」によって二つに分断され，山中湖，忍野湖になったといいます．しかしその後，西方富士裾野と御坂山系との間を水蝕（流水，雨水が岩石や堆積を浸食，破壊すること）し，掘削排水され，ついに忍野湖は涸れたものの，富士山の伏流水の湧水口として，いくつかの池として残りました．それが「忍野八海」です．忍野八海は，かつては富士講講者の人たちの身を清めるための池だったのです．富士講信仰は，はじめ琵琶湖，諏訪湖，芦ノ湖，中禅寺湖などの外八海を回って，富士登山に臨んでいました．しかし，非常に遠方であることから，山中湖，明見湖，河口湖，西湖，本栖湖，精進湖，四尾連湖などを巡拝するようになりました．280年ほど前からは，忍野八海が巡拝の池に代わったとのことです．

表9.3 忍野八海の各種データ

	水温(℃)(年平均)	湧出量(m³/s)	魚　類	植　物
湧　池	13	2.2	ひめます,にじます,こい,うぐい,はや,かじか,ふな,うなぎ,どじょう,もろこ,やまめ,なまず,わかさぎ,ぬま —他の生物— ぬまえび,しじみ,さわがに,うずすまし,げんごろう,がむし,あめんぼう,みずかまきり,ぼうふら,たいこうち,かわにな,まるたにし	せきしょうもまつもきんぎょもえびもひうはのえびもやなぎもくろもばいかもうきぐさむくむくみずこけおおかわごけふじいずみごけ
濁　池	12	0.041		
鏡　池	11.5	月によって消長あり		
菖蒲池	12	月によって消長あり		
銚子池	13.5	0.02		
底抜池	14	0.15		
お釜池	13.5	0.18		
出口池	12.5	0.265		

　忍野八海は，湧池，出口池，お釜池，濁池，鏡池，菖蒲池，底抜池，銚子池の八つの池のことをいいます．現在の忍野八海は，それぞれの湧水は異なり，ほとんど沼地化したところもあって，八つの池が全部昔の面影をとどめてはいませんが，湧池のように今なお湧水量を誇っているところもあります．

　忍野八海の水は，富士山の高地に降った雪や雨が，古いものは20年以上の時間をかけ（一説には80年以上），地下水としてろ過されたもので，池の水は澄んでいます．つまり，地下水を通過させにくい地層である「不透水層」という溶岩の間を地下水が長い歳月をかけて伏流し湧き出ているため，水質は素晴らしいのです．1985年には，水質や水量，保全状況や景観に優れ，古くから地域

図 9.6 きれいな水をたたえる「忍野八海」

住民に親しまれているということで,環境庁(現環境省)より「全国名水百選」に選定され,「国の天然記念物」にもなっています.

昔から,長く水とのかかわりの上に生活をしてきた忍野.水の清らかさや汚染度は,そこに生息する生き物たちによって証明され,知らされるといわれます.忍野川の川や湖沼を調査するとベニマス,ヤマメ,ウグイ,カジカ,イワナ,山間の上流にしかすまないといわれるアブラハヤ,湧水にすむ非常に珍しいホトケドジョウなどが見られます.また,植物では,忍野周辺の水湿池に生ずるハイリ,マコモ,ミクリのほかにアジ,セキショウモ,オランダカラシなどがおびただしく繁茂しています.その中で,全国でも貴重な植物がフッキソウです.フッキソウは,別名キチジソウ(吉祥草)といい温帯から暖帯にかけて分布するツゲ科の草で,林下に生息し,4,5月ころに茎の先に淡黄緑の花をつけます.フッキソウは,地方名を「シノブグサ(忍草)」と呼ばれることから,忍野村の「村花」

図 9.7 忍野八海から富士山を望む

にもなっています．忍野の水は，人のみでなく，ここに生息する多くの生物にも，限りない恵みを与えているのです．いつも澄んでいて，水質が素晴らしい水であってこそです．

忍野村では，人口の増加，先端技術産業の立地のほか，上水道及び下水道の共同開発など，水の需要の大幅な増加が予想されています．と同時に，河川水や地下水の汚濁の問題も起こり始めているのは事実であり，避けて通れません．こうした状況を踏まえ，忍野村では，水源地域の保全と森林の整備，河川等の周辺における生活環境の整備，地下水などの水源の調査・確保，忍野八海の水の復元などの施策を積極的に推進しています．

忍野八海から湧出した水の利用は，多岐にわたっています．忍野村の水田地帯への供給をはじめとして，水力発電に使用されているほか，桂川の最上流の水源地として相模湖まで通じ，京浜地方の大切な給水源として，大きな役割を果たしています．

また，恵まれた自然を保ちながら，観光・レクリエーションの一

環として，内水面漁業の振興を図ることを目的に，淡水魚を中心とした魚や，忍野の水生植物などを観察できる「さかな公園」を2001年にオープンしました．豊かな水の恵みが生かされた忍野村は，「美しい水」を未来の子供たちに残すため，きめ細かい取組みと，着実な歩みを重ねているのです．

忍野八海と聞いて，語感が素晴らしく，神秘的で奥深い感じがして，私も幾度か訪れました．

忍野からの眺望は，素晴らしく日本一の「秀麗な富士山」，それに桜並木，木橋，芽葺き屋根が，色を添えます．

それに，山中湖から流れ出した水は，忍野八海の湧水を含め鐘山の滝へとやってきます．滝の落差は10 mほどで小さいですが，周囲の溶岩や樹木と美しい調和を見せています．

忍野村周辺は，今は，このような美しさと静寂なたたずまいを見せていますが，今から2400万〜510万年前には，海底では激しい海底火山が活動していたのです．想像だにできませんし，時の流れを感じさせます．いつまでも，富士山の伏流水を湧出する，物静かな忍野八海であってほしいと思います．

サンゴの島「グリーン島」，水平線に広がる未知なる世界

グレートバリアリーフの玄関口で，客で賑わうケアンズは，「海の街」です．街行く人たちは，みな素足で歩いています．服装も，軽装でTシャツと短パンです．職場でも，買い物でも，家にいるときにも，ハダシです．地元の人にとって，「海は公園」であり，素足でいると，いつでもすぐに入れるからといいます．そのせいなのでしょうか．ケアンズの港は，磯の香りがあたりに漂い，朝早くから活気がみなぎっています．

ケアンズから高速艇で約45分，内海とはいえ波が高く，船は上下に激しく揺れます．少し船酔いを覚えますが，それを慰めてくれるのは，海の色の変化です．船が進むにつれて，海の色が次々と変わっていきます．島に近づくにつれて，透明度も一段と高くなります．

　グリーン島は，約6000年前にできたといわれるグレートバリアリーフの中でも，珍しい「純サンゴの島」(コーラル・ケイ)です．コーラル (Coral) はサンゴのことを，ケイ (Key) は海面すれすれの小島 (サンゴ礁) を意味します．ケアンズの東27 kmのグレートバリアリーフの青い海に浮かぶ小島です．遊歩道を一周歩いても，1時間弱の小さな島ですが，あたりには，熱帯植物が繁茂していて，小鳥のさえずりも聞こえ，南国情緒が豊かです．

　ここでは，グラスボートなどに乗り，サンゴ礁に群れる魚たちの生態をつぶさに目にすることができます．熱帯魚をはじめ，数々の魚たちの群れに混じって，イソギンチャクやヤドカリの共生などが，手に取るように見ることができるのです．こんなにきれいで素晴らしい海が，まだこの世界に残っているのです．沖縄の海でも，数度，美しい海をのぞいたことがありますが，グリーン島の海は，その数倍，いや数十倍の美しさです．

　サンゴ礁が砕けてできた白い砂浜に出ると，七色のグラデーションの波が岸辺に押し寄せてきます．ここは，人影もなく，静寂で落ち着いたところです．砂だけの浜辺には，波の音さえ，聞こえてきません．

　沖を見やると，広大な海が水平線の彼方まで，果てしなく広がっています．海の中にどんな生物たちが生存しているのでしょうか．海底には，一体，何が存在するのでしょうか．科学の分野では，これを解明することが大切ですが，自然を愛するわれわれにとっては，

図 9.8 グラデーションの波が打ち寄せる「グリーン島」

それは好みません．そっとしておいてほしい分野なのです．手つかずの自然があっても，よいと思います．人間の手で究明され，解き明かされない世界があっても，一向に差し支えないと考えます．遠く果てしないトロピカルな海には，未知なる水の世界があって当然であり，だれにも犯すことの許されない領域があるのです．

　七重，八重の
　　　色とりどりの波が
　静かに
　　　浜辺に打ち寄せる
　私は
　　　海のとりこになる
　すべては
　　　忘却の彼方に

出典・参考文献

1) 水滴くんの旅:水道ニュース,東京都水道局
2) 水の歴史館:シンコー株式会社ホームページ
3) 鉄の博物館/パイプ博物館:JFEスチール株式会社ホームページ
4) 日本の水道の始まり:武蔵野市水道部ホームページ
5) 宍道湖・中海の水質:島根県環境生活部環境政策課ホームページ
6) 中国浙江省:栃木県国際交流課ホームページ
7) 諏訪湖御神渡り:2003.1.18,日本経済新聞/2004.2.1,毎日新聞
8) 平成15年版日本の水資源:国土交通省土地・水資源局水資源部編
9) おいしい水質要件:厚生省
10) 水質のデータに使われる言葉:佐賀市環境下水部環境課ホームページ
11) 佐鳴湖:地域ニュース(浜松版),静岡新聞
12) 印旛野菜いかだの会:ちば県民だより 平成14年8月号
13) 野菜いかだを用いた印旛沼の水質浄化活動:印旛野菜いかだの会ホームページ
14) いかだ利用の水耕栽培:宮城県産業育成課ホームページ
15) 水質浄化を目指して 野菜いかだ設置 ―長沼―:仙北郷土タイムスホームページ
16) 手賀沼流域の現状と課題:千葉県環境生活部水質保全課ホームページ
17) 平成15年版環境白書:環境省
18) もしこれだけのものを流したら:東京都環境局
19) 生き物たちのシグナル:2003.5.12,毎日新聞
20) 柿田川の自然環境・歴史:静岡県清水町役場ホームページ
21) 中国の水事情:中国大型灌漑区節水かんがいモデル計画ホームページ
22) 新世紀の重大プロジェクト「南水北調」:人民中国ホームページ
23) 南水北調:現代中国ライブラリィホームページ
24) 中国の環境に関する情報:2001.7.17,中国環境報
25) 中国の水不足:光明日報
26) 北京の水:人民亜報
27) 「安全な水,おいしい水とは」何かを探求:ウォーターキング東日本株式会社ホームページ
28) イヌワシの舞う鳥海山の里,水の郷,八幡:八幡町ホームページ
29) 伝説,やわた:1997.2.19,山形新聞
30) マイナスイオン:2000.6.22,日本経済新聞/2000.7.2,毎日新聞

31) FINISHSAUNA：The Architectural Press Ltd.
32) 飲み水の実態：2003.2.9，東京新聞
33) よりおいしい水づくり：東京都水道局ホームページ
34) 剣崎浄水場／若田浄水場：高崎市水道局浄水課ホームページ
35) おいしい水、あぶない水：2003.9.8，毎日新聞
36) 消えゆく氷河：2003.10.3，毎日新聞
37) モンゴルの砂漠化，黄砂増加の原因：2004.1.12，毎日新聞
38) 水道水に対する不満・不安：ミツカン水の文化センターホームページ
39) 海洋深層水：若築建設株式会社ホームページ
40) 柿田川は東洋一の湧水量：静岡県清水町役場環境森林部ホームページ
41) 忍野八海：山梨県忍野村ホームページ

索　引

[あ]

アオコ　23
赤潮　23
アボリジニ　37
アユの遡上　77
エアーズロック　36
SS　44
江戸二大上水　14
塩湖　33
忍野八海　154
御神渡り　26
温水路　100

[か]

回収率　73
海面上昇　128
海洋深層水　146
柿田川湧水　149
灌漑　10
環境基準　66
緩速ろ過方式　112
神田上水　13
急速ろ過方式　112
グリーン島　158
グレートバリアリーフ　35
下水処理　118
下水道普及率　91
黄河の断流　93

工業用水　71
硬水　46
高度浄水処理　113

[さ]

サケの遡上　65
砂漠化　132
酸性雨　136
COD　43
地盤沈下　29
取水量ベース　72
白石灰棚　28
森林浴　104
銭塘江の大逆流　25

[た]

玉川上水　14
玉簾の滝　103
淡水使用量　71
淡水補給量　72
地球温暖化　123, 130, 133
T-N　46
DO　45
T-P　46
統一水法典　85

[な]

軟水　46
南水北調　93

[は]

pH　43
BOD　41
ヒ素　66
貧栄養　23
フィンランドサウナ　105
虎跑泉　20
富栄養　23
伏流水　98

[ま]

マイナスイオン　101
マギーの泉　39
三島溶岩流　151
水収支　57
水の循環　19
木管　13

[ら]

陸封水　19

水のおはなし

定価：本体1,300円（税別）

2004年 6月30日　第1版第1刷発行
2004年10月15日　　　第2刷発行

著　者　　安見　昭雄
発行者　　坂倉　省吾
発行所　　財団法人 日本規格協会

権利者との協定により検印省略

〒107-8440　東京都港区赤坂4丁目1-24
電話（編集）(03)3583-8007
http://www.jsa.or.jp/
振替　00160-2-195146

印刷所　　株式会社平文社
制　作　　有限会社カイ編集舎

© Akio Yasumi, 2004
ISBN 4-542-90272-2　　　　　　　　　　Printed in Japan

当会発行図書，海外規格のお求めは，下記をご利用ください．
普及事業部カスタマーサービス課：(03) 3583-8002
書店販売：(03) 3583-8041　　注文FAX：(03) 3583-0462

おはなし科学・技術シリーズ

微生物のおはなし

山崎眞司 著
定価 1,732 円(本体 1,650 円)

バイオセンサのおはなし

相澤益男 著
定価 1,223 円(本体 1,165 円)

おはなしバイオテクノロジー

松宮弘幸・飯野和美 共著
定価 1,325 円(本体 1,262 円)

分離膜のおはなし

大矢晴彦 著
定価 1,325 円(本体 1,262 円)

触媒のおはなし

植村 勝・上松敬禧 共著
定価 1,732 円(本体 1,650 円)

酵素のおはなし

大島敏久・左右田健次 共著
定価 1,680 円(本体 1,600 円)

顕微鏡のおはなし

朝倉健太郎 著
定価 1,528 円(本体 1,456 円)

化学反応のおはなし

江部明夫・浅田誠一・西坂栄二 共著
定価 1,937 円(本体 1,845 円)

化学工学のおはなし

青柳忠克 著
定価 1,426 円(本体 1,359 円)

農薬のおはなし

松中昭一 著
定価 1,365 円(本体 1,300 円)

生分解性プラスチックのおはなし

土肥義治 著
定価 1,426 円(本体 1,359 円)

石油のおはなし

小西誠一 著
定価 1,785 円(本体 1,700 円)

複合材料のおはなし 改訂版

小野昌孝・小川弘正 共著
定価 1,575 円(本体 1,500 円)

ファインセラミックスのおはなし

奥田 博 著
定価 1,029 円(本体 980 円)

ニューガラスのおはなし

作花済夫 著
定価 1,223 円(本体 1,165 円)

繊維のおはなし

上野和義・朝倉 守・岩崎謙次 共著
定価 1,575 円(本体 1,500 円)

木材のおはなし

岡野 健 著
定価 1,365 円(本体 1,300 円)

紙のおはなし 改訂版

原 啓志 著
定価 1,470 円(本体 1,400 円)

JSA 日本規格協会 http://www.jsa.or.jp/

おはなし科学・技術シリーズ

おはなし生活科学

佐藤方彦 著
定価 1,630 円(本体 1,553 円)

おはなし生理人類学

佐藤方彦 著
定価 1,890 円(本体 1,800 円)

おはなし人間工学

菊池安行 著
定価 1,050 円(本体 1,000 円)

感性工学のおはなし

長町三生 著
定価 1,630 円(本体 1,553 円)

化学計測のおはなし 改定版

間宮眞佐人 著
定価 1,260 円(本体 1,200 円)

五感のおはなし

松永是 著
定価 1,260 円(本体 1,200 円)

温度のおはなし

三井清人 著
定価 1,260 円(本体 1,200 円)

湿度のおはなし

稲松照子 著
定価 1,575 円(本体 1,500 円)

快適さのおはなし

宮崎良文 編著
定価 1,155 円(本体 1,100 円)

単位のおはなし 改訂版

小泉袈裟勝・山本弘 共著
定価 1,260 円(本体 1,200 円)

続・単位のおはなし 改訂版

小泉袈裟勝・山本弘 共著
定価 1,260 円(本体 1,200 円)

はかる道具のおはなし

小泉袈裟勝 著
定価 1,260 円(本体 1,200 円)

計測のおはなし

矢野宏 著
定価 1,365 円(本体 1,300 円)

強さのおはなし

森口繁一 著
定価 1,575 円(本体 1,500 円)

色のおはなし 改訂版

川上元郎 著
定価 1,365 円(本体 1,300 円)

真空のおはなし

飯島徹穂 著
定価 1,050 円(本体 1,000 円)

クリーンルームのおはなし

環境科学フォーラム 編
定価 1,785 円(本体 1,700 円)

室内空気汚染のおはなし

環境科学フォーラム 編
定価 1,470 円(本体 1,400 円)

JSA 日本規格協会 http://www.jsa.or.jp/